Rajiv Ranjan
Dipinte Gupta

Introdução ao promotor de plantas

Rajiv Ranjan
Dipinte Gupta

Introdução ao promotor de plantas

ScienciaScripts

Imprint
Any brand names and product names mentioned in this book are subject to trademark, brand or patent protection and are trademarks or registered trademarks of their respective holders. The use of brand names, product names, common names, trade names, product descriptions etc. even without a particular marking in this work is in no way to be construed to mean that such names may be regarded as unrestricted in respect of trademark and brand protection legislation and could thus be used by anyone.

Cover image: www.ingimage.com

This book is a translation from the original published under ISBN 978-3-659-82081-6.

Publisher:
Sciencia Scripts
is a trademark of
Dodo Books Indian Ocean Ltd. and OmniScriptum S.R.L publishing group

120 High Road, East Finchley, London, N2 9ED, United Kingdom
Str. Armeneasca 28/1, office 1, Chisinau MD-2012, Republic of Moldova, Europe
Printed at: see last page
ISBN: 978-620-8-28987-4

Rajiv Ranjan
Dipinte Gupta

Departamento de Botânica, Laboratório de Biotecnologia Molecular de Plantas, Faculdade de Ciências.

Dayalbagh Education Institute (considerada universidade) Dayalbagh, Agra- 282005.

Este livro foi escrito para celebrar a gloriosa jornada de cem anos de educação em Dayalbagh

Reconhecimento

Os autores desejam mostrar a sua gratidão ao Diretor do Dayalbagh Educational Institute (Deemed University), Dayalbagh, Agra, Índia. Estamos também gratos ao Chefe do Departamento de Botânica pela motivação e encorajamento e reconhecemos grandemente o DAE- BRNS, (Project Sanction No. 37(1)/14/40/2014- BRNS/1423) pela assistência final.

ÍNDICE DE CONTEÚDOS

CAPÍTULO 1:

Promotor: Visão geral

Os promotores de genes são simplesmente uma sequência específica de nucleótidos presentes a montante da região codificadora do gene, que inclui múltiplos elementos de ação cis com ligação específica a factores de transcrição que estão envolvidos na iniciação e regulação da transcrição. A sequência destes elementos de ação cis a montante determina a força do promotor. Os factores de transcrição, juntamente com a RNA polimerase, reconhecem o promotor com base nas suas caraterísticas estruturais, pelo que regem indiretamente a expressão do gene.

Os promotores podem ser divididos em três categorias, que incluem os promotores procarióticos, virais e eucarióticos. O promotor procariótico consiste em duas sequências curtas na posição -10 [Pribnow box (TATAAT)] e -35 (TTGACA) a montante do gene (Herley e Reynolds, 1987). As propriedades do promotor procariótico são semelhantes às dos eucariotas, com pequenas diferenças básicas. Nos procariotas, o promotor serve para iniciar a transcrição de múltiplos genes estruturais chamados operão, operando assim uma transcrição policistrónica. Os promotores eucariotas são constituídos por um promotor mínimo e outros cis-elementos a montante, espalhados a uma longa distância (Singh *et al.,* 2002) e o promotor eucariota inicia a transcrição de um único gene, operando assim uma transcrição monocistrónica. Foram caracterizados vários promotores de transcrição a partir do genoma do vírus. Um promotor de transcrição de comprimento total e um promotor de transcrição subgenómica são dois tipos principais de promotores de transcrição presentes no genoma *do Caulimovirus.* O elemento de ação cis de elementos retro de vários promotores virais desempenhou um papel significativo na engenharia de promotores, contribuindo com o seu elemento de ação *cis* do promotor. A disposição dos cis-elementos a montante seguidos de um promotor mínimo define a polaridade do promotor (Benfey e Chua, 1990). Embora o promotor mínimo seja essencial, os promotores mínimos têm, por si só, uma atividade transcricional mais fraca, pelo que os *cis-elementos*, aos quais se ligam factores de transcrição específicos do tecido e do desenvolvimento, individualmente ou em combinações, determinam geralmente o padrão de expressão espácio-temporal de um promotor a nível transcricional.

Com base na sua funcionalidade, os promotores podem ainda ser classificados como promotores constitutivos, promotores específicos dos tecidos ou da fase de desenvolvimento, promotores induzíveis e promotores sintéticos ou artificiais. Os promotores constitutivos induzem uma expressão global do gene, normalmente ativa em todas as espécies, independentemente dos factores ambientais ou de desenvolvimento. Os promotores específicos do tecido ou da fase de desenvolvimento controlam geralmente a expressão do gene de uma forma específica do tecido ou da fase de desenvolvimento. O promotor induzível persuade a eficiência transcricional do promotor, quer através de produtos químicos como a tetraciclina, o álcool, os esteróides, quer fisicamente através de factores ambientais como a dessecação, o stress salino, a temperatura, a luz, etc. Os promotores sintéticos são construídos artificialmente através da fusão de um promotor basal ou central com elementos compostos, cis-acting, que têm a capacidade de funcionar independentemente do promotor nativo correspondente (Wang *et al.,* 2003; Gurr e Rushton 2005; Tavva *et al.,* 2006; Venter e Botha, 2010).

O promotor é um elemento-chave para a expressão precisa e reforçada do transgene, pelo que a incorporação de activadores e potenciadores corretos juntamente com o promotor central é essencial para a expressão máxima. Os promotores são ferramentas moleculares importantes para a expressão e função dos genes, com as seguintes vantagens: são explorados em processos biotecnológicos para a produção de proteínas heterólogas em grande escala. Facilitam a possibilidade de modulação da expressão de genes em organismos homólogos, bem como em organismos heterólogos. Proporcionam uma oportunidade para melhorar as caraterísticas dos organismos. Oferecem direitos de propriedade intelectual. Na expressão multigénica, os promotores com sequências heterogéneas tornam-se elementos-chave para evitar fenómenos como o silenciamento de genes baseado na homologia. Várias outras vantagens da utilização de promotores constitutivos em vectores de expressão utilizados na biotecnologia vegetal incluem um elevado nível de produção de proteínas utilizadas para selecionar células ou plantas transgénicas, um elevado nível de expressão de proteínas repórteres ou de marcadores marcáveis, permitindo uma fácil deteção e quantificação, um elevado nível de produção de um fator de transcrição que faz parte de um sistema de transcrição regulador, a produção de compostos que requerem uma atividade ubíqua na planta, a produção de compostos que são necessários durante todas as fases de desenvolvimento da planta, não sendo necessária qualquer engenharia adicional para tornar o promotor constitutivo.

A nível mundial, os investigadores estão a brincar com esta sequência de cisação e a tentar maximizar a expressão do gene, para produzir substâncias biológicas modificadas de forma segura e sustentável, explorando as culturas agrícolas para serem utilizadas como "sistema de produção" para fornecer produtos de valor acrescentado, como medicamentos, enzimas, novos ingredientes alimentares, etc., através da expressão de um gene de interesse. A reconstrução do património genético da(s) planta(s) para produzir plantas geneticamente modificadas com melhor capacidade de produção agrícola é uma das áreas mais importantes da investigação sobre plantas. Foram criados vários promotores eficientes utilizando as abordagens que incluem a troca do domínio cis de um promotor com o domínio funcionalmente equivalente de outros promotores heterólogos (Bhullar *et al,* 2003) e ligando a sequência de ativação a montante (UAS) de um promotor ao domínio que contém a caixa TATA de outro promotor, como o promotor híbrido tacl/tacll (de Boer, 1983), o promotor híbrido E4/E8 (Bestwick e Kellogg, 2000), o promotor quimérico de plantas denominado promotor Mac (Comai *et al.,* 1990). O promotor designado por "superpromotor" foi construído através da fusão de três repetições do elemento ativador da transcrição da octopina sintase com o elemento ativador *da* transcrição *da manopina sintase? (mas?)* mais a região promotora mínima (Ni *et al.,* 1995). Recentemente, foi construído um vetor de transformação de plantas útil que incorpora o super promotor (Lee *et al.,* 2007). Também foram utilizadas sequências sintéticas de cis-elementos em conjunto com promotores heterólogos para conceber vários promotores de plantas (Rushton *et al.,* 2002; Ventor, 2007) e trazer cis-elementos de diferentes promotores (Last *et al.,* 1991; Sawant *et al.,* 2001). A lógica básica subjacente ao desenvolvimento de tais promotores modificados reside na noção de que a transferência da sequência de ADN/elemento cis a montante que liga um fator trans específico de um promotor para um promotor diferente que contém a sequência TATA pode resultar num novo modelo de regulação ou transcrição (Edelman *et al.,* 2000). Para além destas abordagens, a mutagénese de varrimento do ligante (Bhullar *et al.,* 2007) e a PCR propensa a erros (Alper *et al.,* 2005) também foram utilizadas para introduzir mutações aleatórias ou específicas numa sequência promotora. O objetivo é alterar a orientação/arranjo dos elementos *cis* existentes ou inserir ou destruir *elementos cis* que modificam a função existente de um promotor.

Entre muitas abordagens, a transferência bem sucedida e a subsequente expressão de um gene estrangeiro de interesse (GOI) na célula vegetal para gerar uma planta modificada que expresse a caraterística desejada pode ser conseguida através de um vaivém (vetor de expressão vegetal) que transporta um elemento regulador, "promotor". Foram propostas muitas estratégias para aumentar a expressão dos transgenes nas plantas (Streatfield *et al.,* 2007; Desai *et al.,* 2010). Entre todas as estratégias, a regulação dos genes ao nível da transcrição desempenha um papel fundamental. No processo de transcrição, um determinado gene de interesse é regulado por um elemento genético regulador chamado promotor. Os níveis de expressão do transgene/gene de interesse dependem da força do promotor. A força do promotor pode ser aumentada através de manipulações genéticas e esses promotores artificiais são muito úteis na biotecnologia vegetal, que tem um elevado potencial de comercialização. Um promotor constitutivo forte pode ser utilizado para obter a expressão óptima de mais de um gene através de transformações sucessivas.

No entanto, o risco de transformações múltiplas por um único promotor é que pode levar ao silenciamento de ambos os genes na geração sucessiva através de recombinação homóloga. (Na natureza, esta pode ser uma das razões pelas quais cada gene num organismo é expresso a partir de um promotor individual que tem uma sequência de ADN diferente. Nas dicotiledóneas, os promotores mais fortes em uso são predominantemente de origem viral. A popularidade destes promotores derivados de diferentes fontes pode dever-se a uma maior atividade e a sequências heterogéneas para contornar o problema associado ao HBGS e, além disso, estes promotores híbridos podem ser utilizados eficazmente na farmacologia molecular das plantas. Foram utilizados promotores de genes de manutenção das plantas, como a actina ou a ubiquitina, mas principalmente em monocotiledóneas.

Embora muitos promotores naturais e quiméricos tenham sido descobertos e sintetizados, ainda há uma grande procura de novos promotores. Para além das sequências de ativação a montante, os elementos promotores a jusante, que incluem o intrão, demonstraram ter grande potencial para aumentar a expressão do transgene. Baralhar a sequência do elemento regulador cis também abre portas para a regulação da expressão (Ranjan *et al.,* 2012). O silenciamento do promotor mediado por RNAi é um dos maiores problemas da engenharia genética, que pode ser ultrapassado redesenhando a arquitetura do promotor, quer através da mudança de domínio, quer através da baralhação do ADN ou da hibridação. A investigação sobre o promotor bidirecional é limitada até certo ponto, mas apresenta um vasto campo de ação no futuro. A atual ferramenta de bioinformática ajudou a investigação na previsão e conceção de um promotor eficiente, mas devido à limitação da base de dados, ainda está na sua infância. Há uma procura crescente de ferramentas bioinformáticas competentes e precisas no mundo dos promotores que ajudem a prever ou a conceber promotores com maior precisão. Uma combinação da abordagem de laboratório seco e de laboratório húmido para conceber um promotor pode trazer uma mudança revolucionária nas plantas geneticamente modificadas nas próximas décadas.

CAPÍTULO 2:

Promotores e Transcrição: Visão geral da iniciação transcricional em plantas

Supõe-se que a maquinaria geral da iniciação da transcrição seja altamente conservada entre animais e plantas. Em geral, a estrutura do promotor eucariótico é modular e consiste em múltiplas sequências reguladoras curtas cisactantes (5 a 20 nucleótidos), a maioria das quais inclui sítios de ligação a factores de transcrição (FT). Estes elementos podem estar dispersos ou sobrepostos e, normalmente, situam-se a 1,0 kb a montante do sítio de início da transcrição (TSS). Um promotor eucariótico típico é constituído por um núcleo, uma região proximal e uma região distal (potenciador). Além disso, o promotor central é geralmente constituído por uma caixa TATA, elementos iniciadores (INR), elementos de reconhecimento TFIIB (BRE) e promotores centrais a jusante e factores de transcrição para promover o início da transcrição (Novina e Roy 1996; Smale e Kadonaga 2003). Os factores de transcrição, juntamente com a RNA polimerase, reconhecem um promotor pelas suas caraterísticas estruturais e associam-se a ele para iniciar a transcrição. A combinação destes elementos reguladores é frequentemente única para a maioria dos genes ou vias. Acredita-se que a parte proximal seja responsável pela montagem correta do complexo da RNA polimerase II na posição correta e por dirigir um nível basal de transcrição (Nikolov *et al.,* 1996; Nikolov e Burley, 1997; Berk, 1999). É mediada por elementos, como as caixas TATA e iniciadora, através da ligação da proteína de ligação à caixa TATA, e outros TFs gerais (Featherstone, 2002).

A TATA box é uma sequência consensual de hexanucleótidos composta por 5'...TATXAX...3' em que X pode ser T OU A, variando de organismo para organismo. A TATA box, também conhecida como Goldburg Hogness Box, é comparável à sequência de Pribnow dos promotores procarióticos e virais (**quadro 2.1**). As caixas de iniciadores são elementos promotores alternativos que se encontram em alguns genes eucarióticos e que, em geral, têm uma citosina na posição -1 e um resíduo de adenina no local de início da transcrição +1. A sequência consensual extremamente degenerada do iniciador pode ser definida como (5')Y-Y-A^{+1} -N-T/A-Y-Y-Y-Y(3') em que A_1 é a base em que se inicia a transcrição, Y é uma pirimidina (C ou T), N é qualquer uma das quatro bases e T/A é T ou A na posição _3 (Lodish *et al.,* 2000)

Tabela-2.1: Similaridade entre a caixa TATA e a sequência da caixa Pribnow. (Adaptado de Fundamental of Molecular Biology, de Veer Bala Rastogi, Ane Books Pvt Ltd.)

Types of Sequence	General Group	Organism	Sequence
Pribnow Sequences	In viruses	Φ×174	5`...TACAGTA...3`
		SV40	5`...TATAATG...3`
	In Prokaryotes	*E.coli*	5`...TATAATG...3`
TATA Box	In Eukaryotes	Mouse	5`...TATAAAG...3`
		Chicken	5`...TATATAT...3`

Os factores de transcrição são importantes porque estão envolvidos na ligação da RNA polimerase ao ADN. Os factores de transcrição ligam-se ao promotor mesmo antes de a polimerase se ligar para iniciar a transcrição (**Figura 2.1**). Os factores de transcrição podem ser classificados em geral como factores de transcrição gerais ou factores de transcrição basais, que incluem TFI, TFII, TFIII e factores de transcrição adicionais ou factores de transcrição específicos, que incluem TFIID, TFIIA, TFIIB, TFIIF, TFIIE, TFIIH, TFIIJ. Os factores de transcrição possuem um domínio funcional N-terminal e um domínio funcional C-terminal separados, em que o N-terminal inclui o domínio de ligação ao ADN, que contribui para a ativação da transcrição, e o c-terminal possui um domínio de ativação que estimula a transcrição a partir de um promotor próximo, interagindo com outras proteínas. O domínio de ligação ao ADN tem uma variedade de motivos estruturais que se ligam a um ADN específico. Esta ligação específica resulta de uma interação não covalente entre os átomos de uma hélice do domínio de ligação do ADN e os átomos dos bordos das bases nos principais sulcos do ADN. Existem variedades de domínios de ligação ao ADN nos factores de transcrição que determinam a sua especificidade de sequência. De acordo com as estruturas, o domínio de ligação ao ADN pode ser classificado em famílias que incluem a proteína Homeodomínio, que contém uma sequência conservada de 60 resíduos, a proteína Dedo de Zinco, que possui um polipéptido curto de resíduos de cisteína e histidina que se dobra em torno do ião Zn^{2+} , proteína Leucina-Zipper, que contém um aminoácido hidrofóbico Leucina em cada sétima posição da sequência, proteína Helix-Loop-Helix básica, que contém uma hélice N-terminal com resíduos básicos, juntamente com uma região de laço médio e um aminoácido hidrofóbico C-terminal **(Quadro 2.2)**.

Pensa-se que a parte distal do promotor contém os elementos que regulam a expressão espácio-temporal (Tjian e Maniatis, 1994; Fessele *et al.*, 2002). A sequência promotora está geralmente localizada a montante do TSS, mas os elementos reguladores podem estar localizados a jusante, por exemplo, no primeiro intrão do próprio gene (Zhang *et al.*, 1994; Gidekel *et al.*, 1996; de Boer *et al.*, 1999; Dorsett, 1999).

Tabela 2.2: Grupos de domínios de ligação ao ADN (Adaptado de uscombe *et al.*, 2000)

DBD group	Number of protein families in the DBD group	Number of prokaryotic protein in the group	Number of Eukaryotic protein in the group
Helix-turn-helix	16	32	28
Zinc-coordinating	4	0	23
Zipper-type	2	0	10
Other α helix	7	1	5
β – sheet	1	0	8
β–hairpin / ribbon	6	10	1
Other	2	0	8
Enzyme	16	43	68

A "anatomia funcional" de uma região promotora pode ser analisada através da identificação das bases necessárias para uma transcrição eficiente. As caixas CAAT e TATA foram consideradas elementos críticos em vários promotores eucarióticos (Efstratiadis *et al.*, 1980). A caixa CAAT tem uma sequência de consenso e situa-se a cerca de -80 pb do sítio de início da transcrição (+1). Desempenha um papel importante na eficiência do promotor, aumentando a sua força e função em qualquer orientação. A sequência de consenso CAAT, ou seja, GGCCAATCT, é conservada no promotor eucariótico. Nas plantas, a caixa CAAT é substituída pela sequência de consenso denominada caixa AGGA. Os elementos Cis presentes na porção distal desempenham geralmente um papel importante na orientação da função do promotor. **A Tabela 2.3** apresenta uma lista de elementos cis específicos envolvidos na regulação temporal e/ou espacial da expressão genética em plantas.

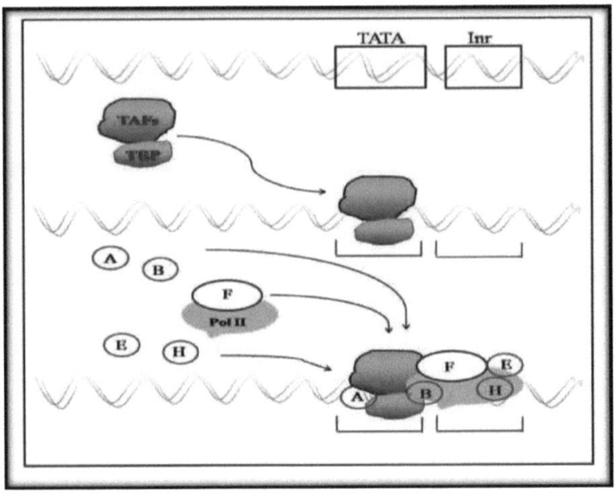

Figura-2.1 : Uma visão geral da iniciação da transcrição. A maioria dos promotores de plantas, embora não todos, possui uma caixa TATA e/ou um elemento iniciador, um ou ambos podem ser reconhecidos pela proteína de ligação TATA (TBP) num complexo com factores associados à TBP (TAFs). Depois de a TBP/TAFs se ligarem, juntam-se outros componentes do complexo de iniciação: TFIIA, TFIIB, RNA polimerase II (pol II) e TFIIF, TFIIE e TFIIH. O pico na RNA polimerase representa a sua cauda C-terminal, que deve ser fosforilada para que a transcrição se inicie. A, B, E, F e H são diferentes factores de transcrição.

Tabela-2.3: Elementos cis-acting comuns envolvidos na regulação temporal e/ou espacial da expressão genética em plantas (Adaptado de: Komarnytsky e Borisjul, 2003)

S. N.	Responses	Cis element/Consensus	Trans acting factors
1.	Light		
	a. Light	GT-1 box, GGTTAA I-box, GATAAAGR G-box, CACGTG H-box, ACCTA(A/C)C(A/C)	HY5,PIF3
2	Metabolic Regulation		
	a. Auxin	TGTCTC motif TGTCCCAT box osc/as-1element	ARF1 ASF1
	b. Gibberellin	TAACA(A/G)A element TATCCAC element (C/T)CTTTT(C/T) element	GAmyb
	c. Abscisic acid	G-box, CCACGTGG	VIP1
	d. Ethylene	A(T/A)TTCAAA element	E4/E8BP
	e. Sugars	TATCCA element GC-box, GCC(G/C)C	OsMYBS

		G-box CACGTG SURE,(AA)TACTA(A/T)T W-box (T)TGAC(C/T)	SPF1
3	Environmental Stress		
	a. Heat	GAATTC element	HSF
	b. Oxidation	G-box, CACGTG H-box, ACCTA(A/C)C(A/C) W-box,(T)TGAC(C/T) GCC element	
	c. Cold, Drought	C-repeat, CCGAC G-box, CACGTG	CBF1
	d. Hypoxia	GT motif,(T/C)GGTTT GC motif, GCC(G/C)C	AtMYB2
	e. Pathogens, Wounding, Ethylene JA,SA	G-box, CACGTG C-repeat, CCGAC GCC element, AGCCGCC W-box,(T)TGAC(C/T)	ORCA2, ERF1 WRKY
4	Development		
	a. Seed	RY motif, CATGCATG G-box, CACGTG E-box CACCCTG AACA motif GNC4 motif, TGAGTCA P-box ,TGTAAAG	FUS3,ABI3 OsMYB5 Opaque2 PBF
	b. Fruit	TGTCACA motif	
	c. Pollen	32 bp motif	

CAPÍTULO 3:

Promotores procarióticos

O promotor procariótico consiste em duas sequências curtas nas posições -10 e -35 a montante do gene (Harley e Reynolds, 1987). A sequência do promotor é reconhecida pelo fator Sigma da RNA polimerase (Gross e Lonetteo, 1992; Loewen e Hengge-Aronis, 1994). Nas posições -10, está presente a caixa de Pribnow (TATAAT). Esta caixa é essencial para iniciar a transcrição. Nas posições -35, está presente a outra sequência (TTGACA), que permite uma elevada taxa de transcrição, e elementos promotores a montante (UP), que incluem potenciadores e cis-elementos para regular a taxa de transcrição (**Figura-3.1**). As propriedades do promotor procariótico são semelhantes às dos eucariotas, com pequenas diferenças básicas. Nos procariotas, o promotor serve para iniciar a transcrição de múltiplos genes estruturais denominados operão. Nos operões, os promotores têm sítios reguladores adjacentes, intercalados ou justapostos, aos quais as proteínas reguladoras se ligam (Jacob *et al.,* 1960). Foram estudados promotores de vários operões, incluindo os promotores Lac, Trp, PBAD &PC e Ptac (**Figura-3.2**).

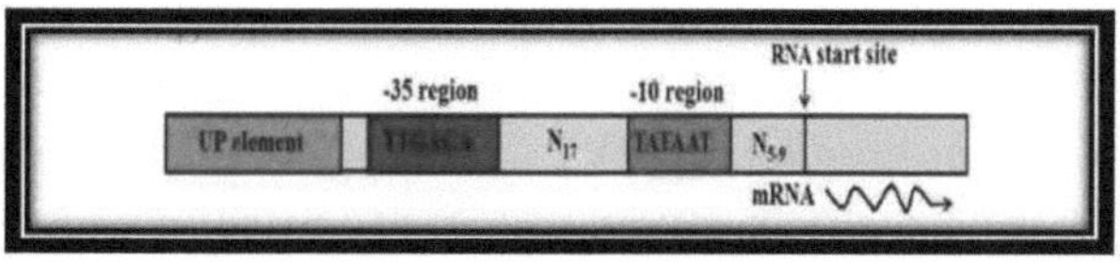

Figura -3.1: Representação esquemática do promotor procariótico

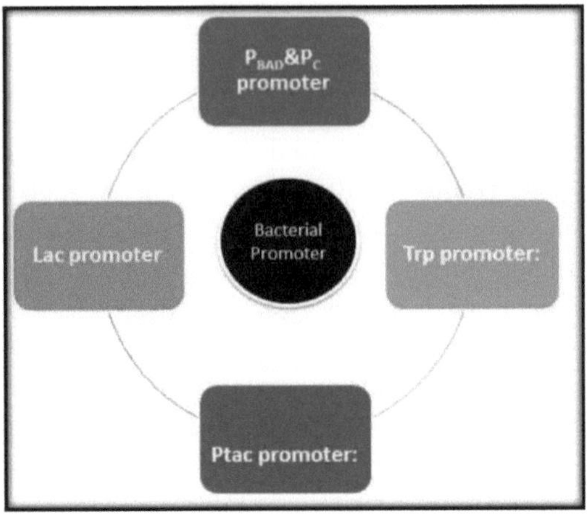

Figura -3.2: Diferentes tipos de promotores procarióticos

Promotor de Lac:

O promotor Lac é necessário nas bactérias para a atividade metabólica do operão induzível lac para a expressão de três genes estruturais *lac Z, lac Y* e *lac A*, que codificam *a fl-galactosidase, a permease da lactose e a galactosida O-acetiltransferase*, respetivamente. *A fl-galactosidase* decompõe a lactose em galactose e glucose, que são utilizadas por enzimas produzidas constitutivamente. A permease da lactose, também conhecida como proteína M, encontra-se na membrana citoplasmática da *E. coli* e transporta ativamente a lactose para o interior das células. *A galactosida O-acetiltransferase* é utilizada para a transferência do grupo acetilo da *acetil Co-A* para a *fl-galactosidase*. Na *E.coli*, a polimerase de ARN inicia a transcrição num único promotor, ou seja, o ARNm policistrónico é utilizado para a síntese da transcrição do gene na ordem Lac Z-Lac Y-Lac A. Para iniciar a transcrição, o promotor lac tem uma sequência especial de ADN que é reconhecida pela subunidade sigma da polimerase de ARN. A região central do promotor lac tem duas sequências de ADN conservadas de 6 pb situadas entre 10 e 33 posições a montante do local de iniciação (+1), conhecidas como hexâmeros -10 (TATAAT) e -35 (TTGACA). O comprimento desses espaçadores varia de 15 a 21 pb. A substituição de bases que resulta na redução da homologia do promotor com a sequência de consenso reduz a taxa de iniciação da transcrição. A supressão ou inserção na sequência promotora afecta a afinidade de ligação da RNA polimerase, aumentando ou diminuindo assim a transcrição.

Promotor Trp:

O promotor Trp regula o operão trp, que é um operão repressível utilizado pela *E.coli* para a síntese de aminoácidos deficientes no meio. O promotor Trp inicia a síntese de cinco genes estruturais trp E, trp D, trp C, trp B, trp A, que codificam, respetivamente, *o componente I da antaranilato sintetase, o componente II da antaranilato sintetase, a PRA isomerase-InGPs sintetase, a triptofano sintetase b* e *a triptofano sintetase*. O promotor Trp tem sido amplamente utilizado para a produção de proteínas, desde a pequena escala até ao nível industrial (Yansura e Henner, 1990). A análise de deleção mostrou que a força do promotor trp reside em dois oligonucleótidos ricos em A+T que se encontram a montante da região -35 e na gama de coordenadas -50 e -90 (Nishi e Itoh, 1986). Os repressores Trp também determinam a força do promotor trp, reduzindo a sua eficiência até 60 a 80% (Jacson e Yanofsy, 1972). A transcrição de um gene clonado a partir de um promotor trp num plasmídeo aumenta cerca de 50 vezes após a indução e o produto do gene pode atingir 30% da proteína total da célula.

***Promotor P_{BAD}* e *P_C*:**

Estes promotores regulam a atividade do operão ara, entre os quais o $P_{B\ AD}$ REGULA a atividade do gene araB araA araD, enquanto o P_C regula a atividade do gene araC. O gene araB araA araD sintetiza *a L-ribuloquinase, a L-arabinose isomerase* e *a Ribulose-5-fosfato epimerase*, respetivamente, enquanto o gene araC sintetiza um polipeptídeo que se liga ao $araO_2$ e ao $araI_1$ e bloqueia a expressão do gene estrutural. A L-arabinose actua como indutor; na sua presença, o polipéptido araC não se liga a araO e converte-se num ativador que interage com araI para permitir a expressão máxima do operão. Ambos os promotores PBAD e P_C estão separados um do outro por cerca de 150-170 pares de bases. Foram registados três locais distintos para a interação de proteínas no promotor araBAD, que incluem locais para a RNA polimerase, a proteína araC e a proteína recetora de AMP cíclico (CRP), respetivamente. Estudos demonstraram que o sistema promotor P_{BAD} & P_C fornece um sistema de expressão de regulação apertada.

Promotor Ptac:

Trata-se de um promotor híbrido forte que inclui a região -35 do promotor trp e a região -10 do promotor LacUV5. A expressão do promotor Ptac pode ser induzida por

Isopropil P-D-1-tiogalactopiranosídeo (IPTG) e reprimida pela proteína LacI. Este promotor híbrido provou ser eficiente a partir de qualquer um dos dois promotores parentais. Estudos de mutação mostraram que a atividade do promotor é regulada pela sequência de consenso -10 e -35 (Rosenberg & Court, 1979). O promotor Lac UV 5 tem uma caixa de consenso Pribnow, ou seja, na sequência -10, e o promotor trp tem uma sequência de consenso em -35, pelo que o promotor tac tem uma sequência de consenso em ambos os sítios -10 e -35 (DeBoer *et al.,* 1983).

CAPÍTULO 4:

Promotores virais

A maioria dos estudos utiliza promotores virais para aumentar a expressão dos genes. Os promotores virais fortes, juntamente com o promotor central, são utilizados para uma propagação viral eficiente e demonstraram aumentar a expressão muitas vezes. Foi aqui apresentada uma classificação pormenorizada dos promotores virais habitualmente utilizados para aumentar a expressão em plantas **(Figura 4.1)**.

Retroelementos no genoma eucariótico

O termo retroelemento pode ser definido como qualquer elemento genético que emprega a transcrição reversa na sua replicação (Rothnie *et al.,* 1994). Desde a descoberta da transcriptase reversa (RNA polimerase dependente de DNA; RT) há cerca de 30 anos (Temin, 1970), tornou-se claro que os retroelementos existem sob muitas formas diferentes, incluindo vírus e elementos transponíveis (Hull, 1999) e ocorrem numa vasta gama de organismos vivos procariotas e eucariotas. Com base no facto de a RT dos retroelementos ter domínios comuns com a RNA polimerase dirigida por RNA dos vírus de RNA (Xiong e Eickbush, 1990), foi sugerido que a RT era uma enzima precoce e crítica na origem dos organismos baseados no ADN (Heslop-Harrison, 2000). De acordo com a classificação recente (Hull, 1999; 2001), a classe dos Retroelementopsida (anteriormente designados retroelementos) foi subclassificada em duas ordens principais: Retrovirales e Retrales. Os Retrovirales foram ainda classificados em três subordens, nomeadamente Orthoretrovirineae (retrovírus), Pararetrovirineae (pararetrovírus) e Retrotransposineae. Os ortoretrovírus têm genomas de ARN e são transcritos para ADN através de RT. Esta forma proviral (ADN) integra-se no cromossoma do hospedeiro (Brown, 1990) através de uma integrase codificada pelo vírus. Esta integração é obrigatória para a replicação viral. A pararetrovirose encontra-se tanto em animais (Ganem e Varmus, 1987) como em plantas (Pfeiffer e Hohn, 1983). Estes vírus encapsulam um genoma circular de ADN de cadeia dupla (ds) e replicam-se através de um intermediário de ARN. Não foi detectada qualquer função de integrase no seu genoma e a integração não é uma parte obrigatória do seu ciclo de replicação, infeção e transmissão (Hull e Covey, 1995). Enquanto que as Retrotransposineae (anteriormente designadas LTR-retrotransposões) incluem as famílias Pseudoviridae (anteriormente conhecida como grupo Ty1-copia) e Metaviridae (anteriormente conhecida como grupo Ty3-gypsy). Tal como as ortoretrovírus, a integração das retrotransposições é um passo obrigatório no ciclo de replicação. Podem formar partículas semelhantes a vírus e, para alguns representantes, a infecciosidade foi demonstrada devido à presença de um gene env que lhes permite deslocarem-se de célula para célula (Kim *et al.*, 1994; Song *et al.*, 1994). Os retroelementos não virais são conhecidos como Retrales e consistem em duas subordens: (I) Retroposineae (anteriormente designados retrotransposões não LTR; (Xiong e Eickbush, 1990) e (II) Retronineae. Estes retrotransposões têm menos semelhanças com Retroposineae do que com a subordem Retrotransposineae.

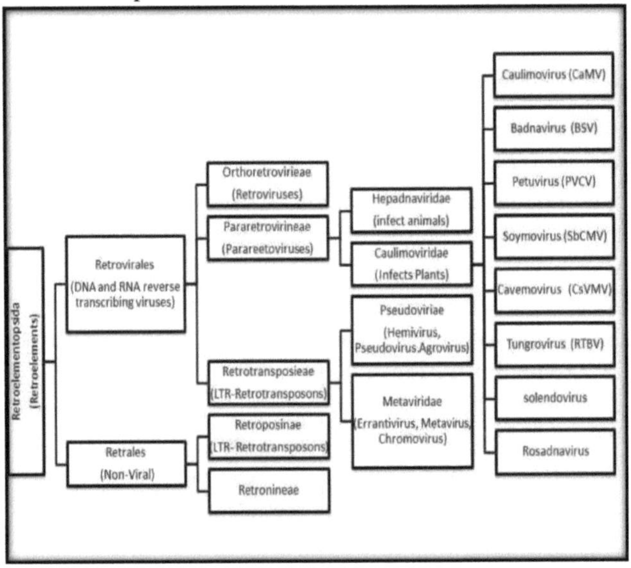

Figura- 4.1: Baseado no esquema de classificação de elementos retro recentes da nomenclatura

Pararetrovírus e sua replicação

A família *Caulimoviridae*, sob a subordem Para retrovirineae, contém todos os vírus de plantas que se replicam por transcrição reversa **(Figura 4.2)**. Estes vírus têm descontinuidades em sítios específicos nos seus genomas circulares de ADN de cadeia dupla, uma no sentido contrário e entre uma e três na cadeia de sentido. Estas descontinuidades são os locais de iniciação da síntese de ADN e resultam da iniciação das replicações do ADN com sentido e sem sentido. Uma caraterística comum à estrutura genómica de todos os pararetrovírus de plantas é a disposição dos genes que codificam as proteínas estruturais (gag) e as funções enzimáticas (pol). Os genes são sempre adjacentes, como gag-pol. O gene pol apresenta domínios consensuais para uma protease (PR), uma transcriptase reversa (RT) e uma ribonuclease H (RNase H: Rothnie *et al.,* 1994). Nenhum dos genes pol pararetrovirais codifica uma função de integrase, como é típico dos genes pol dos retrovírus e dos retrotransposões LTR (Metaviridae e Pseudoviridae).

A replicação do genoma dos pararetrovírus inclui as fases nuclear e citoplasmática. As partículas de vírus entram no núcleo através de sinais de localização nuclear na sua superfície (Leclerc *et al.,* 1999) e libertam o ADN circular aberto para o núcleo através de um mecanismo desconhecido.

Após a entrada do vírus no núcleo, é produzido um ADN epissomal de círculo fechado através do processamento das saliências de cadeia simples, da reparação das lacunas e da ligação das extremidades utilizando enzimas de reparação do hospedeiro. No caso do CaMV, foi demonstrado que essas moléculas de ADN, juntamente com histonas sequestradas, formam mini-cromossomas (Menissier *et al.,* 1983) que geram ARN viral de comprimento total com repetições terminais (ARN pré-genómico) e, em alguns casos, também ARN sub-genómico. Tal como nos retrovírus, as repetições terminais são produzidas pela supressão do sinal de poliadenilação durante o primeiro encontro com o complexo de transcrição/processamento e o seu reconhecimento no segundo encontro (Sanfacon e Hohn, 1990). Nos pararetrovírus das plantas, isto ocorre com sequências de poliadenilação derivadas de um mono-LTR, que se encontram duas vezes no ADN circular. Ainda não está claro se o transporte do ARN viral do núcleo para o citoplasma é passivo ou ativo. Durante a fase citoplasmática da replicação, a interação do ARN pré-genómico com o domínio de ligação ao ARN das subunidades da proteína do capsídeo resulta na formação de viriões. Em muitos casos, os viriões são incorporados nos corpos de inclusão viral. Esta matriz é, muito provavelmente, o local de replicação viral, no qual as unidades de transcrição reversa presumivelmente encapsidadas são ainda mais compartimentadas para serem separadas da maquinaria da célula hospedeira. A transcrição reversa é iniciada a partir de um iniciador de meta-RNAt e o modelo de ARN é degradado pela atividade *da RNaseH* viral. A extensão da cadeia negativa e a degradação do ARN pela *RNaseH* produzem uma cadeia negativa de ADN terminalmente redundante (Coffin *et al.,* 1997), mas os troços de polipurina são poupados e servem de iniciadores para a síntese da cadeia positiva de ADN. A circulação do genoma ocorre durante a síntese da cadeia positiva e deve ocorrer dentro da sequência do sítio de ligação do iniciador (Bonneville e Hohn, 1993).

Classificação das *Pararetrovirineae* (Pararetrovírus)

Com base na gama de hospedeiros, como já foi referido, os vírus Pararetro são ainda classificados em (A) *Hepadnaviridae* e (B) *Caulimoviridae.*

Hepadnaviridae

Os hepadnavírus são uma família de vírus que causam infecções no ser humano e nos animais. Estes vírus têm um genoma muito pequeno, constituído por ADN circular parcialmente de cadeia dupla e/ou parcialmente de cadeia simples. O genoma é constituído por duas cadeias irregulares de ADN. A cadeia maior tem uma orientação de sentido negativo, enquanto a (cadeia mais curta) tem uma orientação de sentido positivo. O vírus da hepatite B pertence a esta família.

Caulimoviridae

Estes vírus são também conhecidos como vírus de transcrição reversa, uma vez que passam pela fase de transcriptase reversa no seu ciclo de replicação. Esta família contém todos os vírus de plantas com genoma de ADN de cadeia dupla. Os *Caulimoviridae* incluem oito géneros: *Caulimovirus* e outros géneros representados por um pequeno número de vírus individuais: *Tungrovirus (Rice tungro bacilliform tungrovirus,* (RTBV); *Petuvirus (Petunia vein clearing petuvirus,* PVCV); *Soymovirus (Soybean chlorotic mottle soyvirus,* SbCMV) e *Cavemovirus (Cassava vein mosaic cavemovirus,* CsVMV); *Tobacco vein clearing cavemovirus,* TVCV) **(Figura 4.1)**.

Caulimovírus

O género *Caulimovirus* é um grupo da família *Caulimoviridae* (Shepherd, 1989 & Covey e Hull, 1992). Até à data, foram descritos diferentes tipos de *Caulimovírus.* Todos eles têm uma pequena molécula de ADN circular (cerca de 8 kb) como material genético. Os genomas do *Cauliflower mosaic virus* (CaMV) (Gardner *et al.,* 1981) e de cinco membros deste grupo, nomeadamente *o Mirabilis mosaic virus* (MMV, Richins e Shepherd, 1983), o *Carnation etched ring virus* (CERV, Hull *et al,* 1986), *Figwort mosaic virus* (FMV, Richins *et al.,* 1987), Soybean *chlorotic mottle virus* (SoCMV, Hasegawa *et al.,* 1989) e *Peanut chlorotic streak virus* (PClSV, Richins *et al.,* 1995) foram completamente sequenciadas e as suas sequências estão disponíveis no GENE BANK. As identificações das sequências submetidas são AF140604 (para o CaMV), AF454635 (para o MMV), NC003498 (para o CERV), NC003554 (para o FMV), NC001739 (para o SoCMV) e NC001634 (para o PClSV). O mapa típico do genoma do *caulimovírus* é apresentado na **figura 4.3**. Está organizado em sete quadros de leitura abertos (ORF) e duas regiões intergénicas. No caso do CaMV, os polipéptidos correspondentes a seis ORF (I a VI) foram detectados em células infectadas e as suas funções foram identificadas. A ORF I, a ORF II, a ORF III, a ORF IV, a ORF V e a ORF VI são responsáveis, respetivamente, pela função de movimento célula-a-célula (Thomas *et al.,* 1993; Ducasse *et al.,* 1995), pelo fator de transmissão por afídeos (Daubert *et al.,* 1983; Woolston *et al.,* 1983), pela proteína do capsídeo menor (Daubert *et al.,* 1982), pela transcriptase reversa (Takatsuji *et al.,* 1992) e pela proteína do corpo de inclusão (Odell e Howell, 1980). A proteína ORF VII não foi detectada *in vivo* (Wurch *et al.,* 1991). A função da ORF VII não está claramente estabelecida. No entanto, uma sequência localizada com esta ORF VII do FMV está envolvida na tradução de genes virais (Gowda *et al.,* 1991).

Em geral, estão presentes no genoma *do Caulimovírus* dois grandes promotores de transcrição. Um transcreve todo o genoma do vírus (um transcrito completo equivalente ao transcrito CaMV35S) e o outro promotor transcreve apenas a ORF VI (um transcrito sub-genómico equivalente ao transcrito CaMV19S).

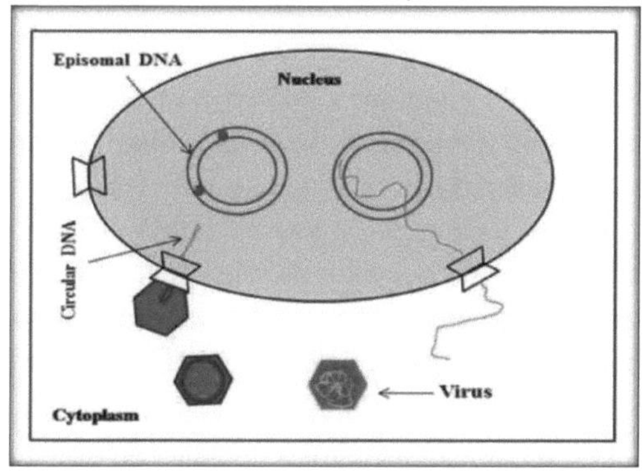

Figura- 4.2: Ciclo de replicação do CaMV, típico dos Pararetrovírus de plantas

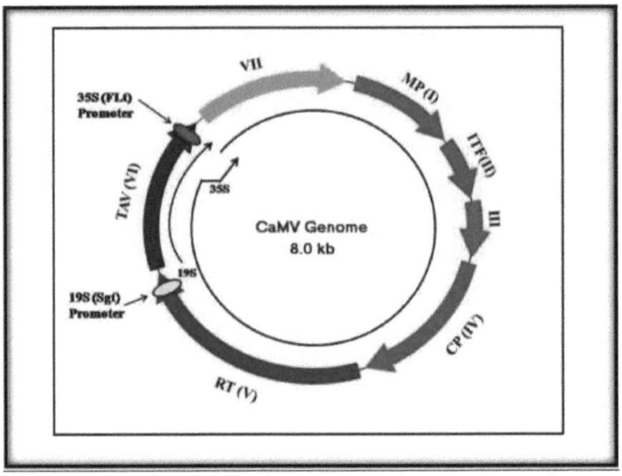

Figura-4.3: Mapa do genoma do *Caulimovírus*

***Vírus do mosaico da acácia* (FMV)**

O Figwort mosaic virus (FMV) é um dos *Caulimovirus* notáveis pertencentes ao grupo dos pararetrovirus; é apenas semelhante ao *Cauliflower mosaic virus* (CaMV). O genoma do FMV foi sequenciado e verificou-se que tem oito ORF, sete das quais correspondem em tamanho e localização a loci no CaMV. Tal como o CaMV, o FMV utiliza o ARNt da metionina como iniciador da replicação (Richins *et al.,* 1987). Foram desenvolvidos vários vectores de expressão vegetal utilizando promotores de transcrição completa (Flt-) e de transcrição subgenómica (Sgt-) do FMV (Maiti *et al.,* 1997).

O promotor do FMV foi caracterizado e considerado de natureza constitutiva. A sua força é comparável ou um pouco mais forte do que a do promotor do CaMV e muito mais forte do que a do promotor da nopolina (Sanger *et al.,* 1990 e Maiti *et al.,* 1997).

***Vírus do mosaico do Mirabilis* (MMV)**

O vírus do mosaico de Mirabilis (MMV), também membro dos *Caulimovirus,* tem um genoma circular de ADN de cadeia dupla de cerca de 8 kb com quatro descontinuidades de cadeia simples no ADN, uma na cadeia a e três na cadeia complementar (Richins e Shepherd, 1983). A sequência do promotor do MMV (FLt-) na grande região intergénica contém vários domínios reguladores putativos encontrados noutros promotores *de Caulimovirus*; a sequência TATA box TATATAA, uma sequência CAAT 63 pb a montante da TATA box e um sinal poli (A) constituído por uma sequência AATAAA 204 pb a jusante da TATA box.

Os promotores do transcrito completo (Flt-) (Dey e Maiti, 1999) e do transcrito subgenómico (Sgt-) (Dey e Maiti, 2003) do MMV foram caracterizados com sucesso e as suas actividades foram consideradas muito superiores às do promotor do CaMV.

Badnavírus

O género *Badnavirus* é um membro da família *Caulimoviridae*. Trata-se de um vírus de ADN baciliforme, daí o seu nome *Badnavirus*. Utilizam as plantas como hospedeiras e *as cochonilhas* como vetor. Este género pertence aos pararetrovírus, o que significa que utilizam a transcrição reversa para se replicarem. O vírus baciliforme da cana-de-açúcar e o *Commelina yellow mottle virus* (CoMV) do género *Badnavirus* infectam monocotiledóneas (Braithwaite *et al.,* 2004). Uma vez que as espécies deste género infectam monocotiledóneas, são fontes potenciais de promotores fortes para as monocotiledóneas. Vários trabalhos de investigação mostraram que os promotores de espécies deste género tinham uma expressão bem sucedida de genes heterólogos em plantas transgénicas (Bhattacharyya *et al.,* 2002, Schenk *et al.,* 2001, Tzafrir *et al.,* 1998, Medberry *et al.,* 1992). As experiências demonstraram que o promotor deste género pode conduzir a um elevado nível de expressão, comparável ao da ubiquitina do milho e superior ao do promotor 35S do vírus do mosaico da couve-flor (CaMV). O promotor do *vírus da forma de bacilo da cana-de-açúcar* representa uma ferramenta útil para aumentar a expressão em plantas monocotiledóneas e dicotiledóneas. O promotor deste género pode ser utilizado como uma fonte potencial de promotores virais constitutivos fortes (Peer M et al; 1999, Tzafrir; 1998).

Caumeovírus:

Os vírus pertencentes a este genoma são não envelopados e têm uma geometria icosaédrica com um diâmetro de 50 nm. Este vírus infecta principalmente plantas dicotiledóneas e é responsável pelo mosaico das nervuras ou das faixas. Atualmente, estão registadas duas espécies para este género, que incluem o cassava vein mosaic virus e o Tobacco vein clearing virus (Lockhart et al., 2000) e uma terceira espécie não classificada, o Sweet potato caulimo-like virus (Souza *et al.,* 2011). O Cassava vein mosaic virus (CsVMV) é um pararetrovírus que infecta plantas de mandioca no Brasil. Um fragmento promotor composto pelos nucleótidos -443 a +72 isolado do CsVMV mostrou uma forte expressão genética constitutiva em plantas transgénicas (Verdaguer *et al.,* 1998). O CsVMV apresentou uma elevada homologia entre a sequência de consenso de várias proteínas de Caulimovirus e Badnavirus (Kochko *et al.,* 1998)

Tungrovírus:

O tungrovírus é um género de vírus que utiliza monocotiledóneas e a família das poaceae como seu hospedeiro natural. *Atualmente, o vírus do bacilo do tungro do arroz* (RTBV) é o único membro deste género. O RTBV é um vírus de ADN de cadeia dupla com um promotor único, específico do tecido, que se exprime nos tecidos do floema. Este vírus tem simetria poliédrica e um diâmetro de 3033 nm (Galves *et al.,* 1968). O vírus RTBV causa a doença do tungro do arroz (RTD), que afecta o rendimento do arroz no sudeste da Ásia. O tamanho do genoma deste vírus é de 8 kb e compreende quatro quadros de leitura aberta com um único promotor colocado intergenicamente entre a ORF IV e a ORF I (Bhattacharyya-Pakrasi *et al.,* 1993; Qu *et al., 1991),* 1991).genes que codificam os factores de transcrição RF2a e RF2b do fecho de lucina básico do arroz, que são expressos nos tecidos vasculares, a região de replicação do RTBV (Bhattacharyya-Pakrasi *et al.,* 1993; Cruz & Koganezawa 1991; Dai *et al.,* 2004; Saito *et al.,* 1986; Yin & Beachy, 1995). Estes factores de transcrição RF2a e RF2b interagem com o elemento do promotor do RTBV para ativar a transcrição. A sobreexpressão de RF2a e RF2b transforma este promotor específico do tecido num promotor constitutivo (Dai *et al.,* 2004; Petruccelli *et al.,* 2001).

Petuvirus:

Atualmente, os petuvirus têm apenas uma espécie no seu género, *o Petunia vein clearing virus* (PVCV), que está associado a duas doenças que afectam as plantas: clareamento das nervuras cloróticas e malformação das folhas. O tamanho do genoma do PVCV é de 7205 pb com dois grandes quadros de leitura aberta na cadeia de transcrição. O ORF deste vírus tem todos os motivos encontrados nos vírus Caulimo, ou seja, motivos da proteína de movimento (MP), o domínio da bobina enrolada da proteína associada ao virião (CC), o motivo do dedo Zn de ligação ao ARN da proteína do capsídeo (RB), os domínios da protease (PR), da transcriptase reversa (RT) e da RNAse H (RH) (Poggeler e Shepherd 1997; Harpera *et al.,* 2003).

Soymovirus:

O tamanho do *Soymovirus* é de cerca de 50 nm e possui um ácido nucleico circular de cadeia dupla. O fragmento promotor de 378 pares de bases regula a expressão da ORF III, que mostrou expressão máxima em plantas de tabaco. Verificou-se que este fragmento de promotor tem caixas CAAT e TATA e não foram registados sinais de reforço, como acontece noutros promotores virais, como o CaMV 35S. Este promotor tinha uma homologia de sequência com o potenciador transcricional da sequência líder

5' do ARN do vírus do mosaico do tabaco. Uma região promotora NCR deste vírus tem dois motivos GT a montante da caixa TATA e quatro sequências semelhantes a Q do TMV a jusante da caixa TATA, o que demonstrou uma forte expressão constitutiva em plantas transgénicas (Fukuoka al., 2000).

CAPÍTULO 5:

Promotores eucarióticos

No sistema eucariótico, existem três tipos diferentes de RNA polimerases (Pol) no núcleo. A transcrição dos genes do ADN ribossómico é realizada pela RNA pol I e está ativa apenas na região do nucléolo. A RNA polimerase II é responsável por todos os genes codificadores de proteínas e por vários pequenos RNAs nucleares; enquanto a RNA pol III transcreve genes de RNA ribossómico 5S, genes de RNA de transferência e alguns pequenos RNAs nucleares. Os genes vegetais transcritos pela RNA pol II contêm tipicamente elementos nucleares comuns reconhecidos por factores gerais de transcrição e elementos de ADN específicos dos genes reconhecidos por factores reguladores que, por sua vez, modulam a função dos factores gerais de iniciação (Roeder, 1996; Dvir *et al.*, 2001).

Um gene típico tem três componentes básicos: (1) os promotores, (2) a região codificadora e (3) o terminador. Os promotores são a sequência de DNA funcional localizada a montante do gene e que sinaliza a enzima RNA polimerase para o sítio de iniciação da transcrição (Hartwell *et al.*, 2000). A região codificadora é a região que codifica o gene e, no caso dos genes transcritos pela RNA polimerase II, é traduzida em proteína. A sequência que interrompe o processo de transcrição é conhecida como terminador. O promotor e o terminador, juntamente com toda a região codificadora do gene, são conhecidos como unidade de transcrição (Lodish *et al.*, 2000). O promotor de um gene contém a informação necessária para determinar quando, onde e em que medida o gene será expresso (Datla *et al.*, 1997), pelo que os promotores afectam a transcrição tanto quantitativa como qualitativamente (Potenza *et al.*, 2004). As estruturas genéticas do promotor em sistemas procarióticos e eucarióticos são basicamente diferenciadas.

Os promotores eucarióticos consistem num promotor mínimo e noutros elementos *cis* a montante espalhados a uma longa distância (Singh *et al.*, 2002). A disposição dos elementos *cis a* montante seguidos de um promotor mínimo define a polaridade do promotor. O promotor mínimo é essencialmente uma caixa TATA, também conhecida como caixa Goldberg-Hogness (sequência TATAAA), localizada cerca de 30-40 pares de bases a montante do local de início da transcrição (TSS), onde a RNA polimerase II, as proteínas de ligação TATA (TBPs) e os factores associados a TBPs (TAFs) se ligam para iniciar a transcrição (Zawel e Reinberg, 1995), mas os promotores mínimos, por si só, têm uma atividade transcricional mais fraca. O complexo transcricional pode fazer com que o ADN se dobre sobre si mesmo, o que permite a colocação de sequências reguladoras longe do local real de transcrição, às quais se ligam factores de transcrição específicos do tecido e do desenvolvimento, individualmente ou em combinações, que geralmente determinam o padrão de expressão espácio-temporal de um promotor ao nível transcricional (Benfey e Chua, 1990). O complexo transcricional pode fazer com que o DNA se dobre sobre si mesmo, o que permite a colocação de seqüências reguladoras longe do local real de transcrição (**Figura-5.1**).

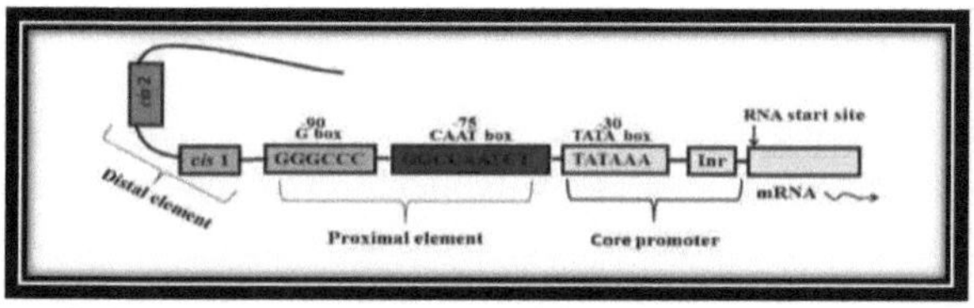

Figura 5.1 Representação esquemática do promotor eucariótico

Os elementos de ação cis responsáveis pela regulação dos genes são também reconhecidos como potenciadores. Estes potenciadores podem encontrar-se a centenas ou milhares de pares de bases de distância da localização do gene, a montante da região codificadora, dentro da sequência codificadora ou intrónica, ou mesmo localizados junto ao promotor (Potenza *et al.,* 2004). Em contraste com os potenciadores, o silenciador e os isoladores também regulam a expressão do gene. O silenciador actua como um regulador negativo, enquanto os isoladores impedem a ligação do potenciador e do silenciador não relacionados com a região promotora. O silenciador, o potenciador e os isoladores estão envolvidos na regulação direta dos elementos promotores (**Figura 5.2**).

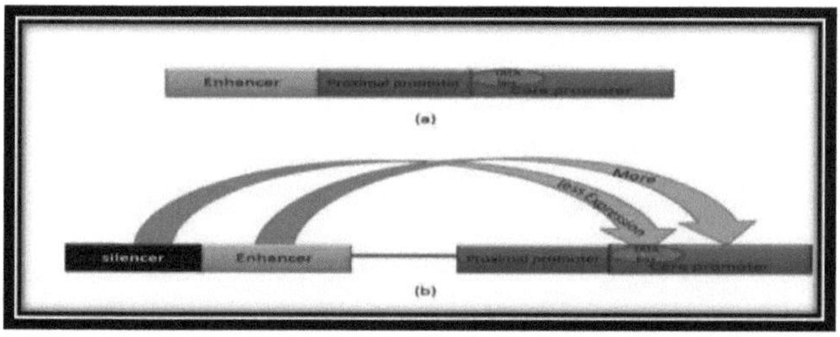

Figura 5.2: Representação digramatica (a) indicando o potenciador adjacente ao promotor (b) indicando a orientação do promotor à distância

CAPÍTULO 6:

Promotores e sua expressão

Com base na sua funcionalidade nas células, os promotores podem ser divididos em duas ou quatro classes diferentes, que incluem os promotores constitutivos, os promotores específicos do tecido ou da fase de desenvolvimento, os promotores induzíveis e os promotores sintéticos ou artificiais

Promotores constitutivos

Os promotores que induzem a expressão dos genes independentemente do ambiente ou dos factores de desenvolvimento são designados por promotores constitutivos. Como a sua expressão não é condicionada por factores endógenos, os promotores constitutivos são geralmente activos em todas as espécies e mesmo em todos os reinos. O primeiro promotor constitutivo utilizado para a expressão de transgenes em plantas foi isolado de agentes patogénicos das plantas. Existem várias vantagens na utilização de promotores constitutivos na biotecnologia vegetal: (1) elevado nível de produção de proteínas utilizadas para selecionar células ou plantas transgénicas; (2) elevado nível de expressão de proteínas repórteres ou de marcadores que permitem uma fácil deteção e quantificação; (3) elevado nível de produção de um fator de transcrição que faz parte de um sistema regulador da transcrição; (4) produção de compostos que requerem uma atividade ubíqua na planta; e (5) produção de compostos que são necessários durante todas as fases do desenvolvimento da planta. Os promotores constitutivos mais utilizados são os de origem vegetal (**Quadro 6.1**) e os de origem viral (**Quadro 6.2**)

Tabela-6.1: Promotores constitutivos de origem vegetal

S.N.	Origin	Name of the promoter	References
1	*Arabidopsis*	Arabidopsis Aet2	An *et al.*, 1996
2	Sunflower	Ubiquitin	Binet *et al.*, 1991
3	*Arabidopsis*	Ubiquitin	Callis *et al.*, 1990, Norris *et al.*, 1993
4	Maize	Maize pUbil	Christensen *et al.*, 1992
5	Potato	Ubiquitin	Garbarino and Belknap.,1994
6	Tobacco	Ubiquitin	Genschik *et al.*, 1994
7	Banana	Actin	Hermann *et al.*, 2001
8	Soya bean	Polyubiquitin	Hernandez-Garcia *et al.*, 2009
9	Rice	Actin	Mc Elroy *et al.*, 1990 Huang *et al.*, 2006
10	*Nicotiana*	Nicotianasylvestris Ubi.U4	Plesse *et al.*, 2001
11	Rice	Ubiquitin	Wang and Oard., 2003

Tabela-6.2: Promotores constitutivos de origem viral

S.N.	Pararetrovirus	Genus	References
1	*Rice tungro bacilliform Virus (RTBV)*	Tungro Virus	Bhattacharyya *et al.*, 1993
2	*Mirabilis mosaic virus (MMV)*	Caulimovirus	Dey and Maiti., 1999a
3	*Wheat dwarf geminivirus (WDV)*	Mastre virus	Dinant *et al.*, 2004
4	*Figwort mosaic virus (FMV), strain DxS*	Caulimovirus	Gowda *et al.*, 1989, Maiti *et al.*, 1997
5	*African cassava mosaic virus (ACMV)*	Begomo virus	Haley *et al.*, 1992
6	*Soybean chlorotic mottle virus (SbCMV)*	Caulimovirus	Hasegawa *et al.*, 1989
7	*Dahlia mosaic virus (DMV)*	Caulimovirus	Kuluev *et al.*, 2007
8	*Carnation etched ring virus (CERV)*	Caulimovirus	Kuluev *et al.*, 2008
9	*Peanut chlorotic streak virus (PCISV)*	Caulimovirus	Maiti and Shepherd., 1998
10	*Cornmelinna yellow mottle virus (ComYMV)*	Badna Virus	Medberry *et al.*, 1992

11	*Cauliflower mosaic virus (CaMV)*	Caulimovirus	Odell *et al.*, 1985, Lawton *et al.*, 1987
12	*Strawberry vein banding virus (SVBV)*	Caulimovirus	Pattanaik *et al.*, 2004
13	*Petunia vein clearing virus (PVCV)*	Petuvirus	Richert-Pogglerand Shepherd., 1997
14	*Figwort mosaic virus (FMV), strain M3*	Caulimovirus	Sanger *et al.*, 1990
15	*Sugarcane baciliformbadna virus (SCBV)*	Badna virus	Schenk *et al.*, 1999
16	*Banana streak virus (BSV)*	Badna virus	Schenk *et al.*, 2001
17	*Mung bean yellow mosaic virus (MYMV)*	Begomovirus	Shivaprasad *et al.*, 2005
18	*Cassava vein mosaic virus (CVMV)*	Cavemovirus	Verdaguer *et al.*, 1996
19	*Cotton leaf curl virus (CLCuV)*	Begomo virus	Xie *et al.*, 2003
20	*Taro bacilliform virus (TaBV) (TaBV)*	Badna Virus	Yang *et al.*, 2003

Tabela-6.3: Lista de promotores específicos de tecidos

S. N.	Name of the tissue-specific promoter	Examples	References
1	Anther-specific promoter	Tobacco TA29 rice RA8	Koltunow *et al.*, 1990, Jeon *et al.*, 1999
3	Embryo specific promoter	β-Conglycinin promoter	Chen *et al.*, 1986
2	Endosperm specific promoter	Opaque-2 promoter, ZmZ27 promoter, osGT1 promoter	Rossi *et al.*, 1997, Russel and Fromm 1997
4	Floral-specific promoter	Chrysanthemum UEPI beanCHSI5 petunia EPSPS .	Annadana *et al.*, 2002, Faktor *et al.*,1996, Benfey *et al.*, 1990
5	Fruit specific Promoter	Tomato E8 , 2A11 from tomato, Apple ACC oxidase , Tomato polygalactcturonase, Tomato pds.	Deikman and Fischer.,1988,Van Haaren and Houck.,1993, Atkinson *et al.*, 1998, Fraser *et al.*, 2002, Corona *et al.*, 1996
6	Green tissue-specific promoter	pearbeS-3A,Arabidposis CAB2.	Gilmartin and Chua 1990, Carre and Kay 1995
7	Leaf specific promoter	Lhcb3 promoter, a light-regulated leaf-	Ali and Taylor 2001

		specific promoter from *Arabidopsis*.	
8	Nodule-specific promoter	ViciafabaVtEnod12 .	Fruhling et al 2000
9	Organelle-specific promoter	PsbArbeLPrrn	Staub and Maliga, 1994 Shiina *et al.*, 1998 Maliga, 2002
10	Pistil-specific promoter	pear PsTLI, potato SK2	Ficker *et al.*, 1997, Sassa *et al.*, 2002
11	Pollen-specific promoter	maize ZMC5, tomato lat52	Wakeley *et al.*, 1998, Twell *et al.*, 1989
12	Root specific Promoter	Domain A, CaMV 35S, A. rhizogenesrolD, tobacco TobRB7	Benfey and Chua., 1989 Yamamoto *et al.*, 1991
14	Seed coat specific Promoter	pea PsGNS2	Buchner *et al.*, 2002
13	Seed specific Promoter	cotton alpha-globulin, wheat gbssI, bean beta-phaseolin, Bean NVP, S. rostrata leghaemoglobin	Sunilkumar *et al.*, 2002, Kluth *et al.*, 2002, Bustos *et al.*, 1989, Carsolio *et al.*, 1994 Szabados *et al.*, 1990
15	Tuber specific promoter	Potato patatin PAT 2I, Potato patatin B33, Potato GBSS, Sweet potato sporamin	Jefferson *et al.*, 1990, Liu *et al.*,1991, Visser *et al.*,1991, Maeo *et al.*, 2001

Estes promotores controlam geralmente a expressão do gene de uma forma específica para cada tecido ou fase de desenvolvimento. O transgene conduzido por este promotor só será expresso em tecidos específicos, deixando todos os outros tecidos inalterados. São muito úteis para acumular o produto transgénico em certos órgãos, como sementes ou frutos, para limitar qualquer possível efeito negativo no crescimento da planta e melhorar a eficiência da colheita. Os promotores específicos dos tecidos podem ser induzidos por factores endógenos e exógenos. Esta é uma das principais razões para a grande quantidade de promotores específicos de tecidos isolados de determinadas plantas e tecidos (**Quadro 6.3**).

Promotor induzível

A atividade transcricional dos promotores regulados quimicamente é modulada por compostos químicos como a tetraciclina, o álcool, os esteróides, enquanto os promotores regulados fisicamente são aqueles cuja atividade depende de factores ambientais como a dessecação, o stress salino, a temperatura, a luz, etc. Os sistemas de promotores induzíveis (e repressíveis) que utilizam componentes exógenos e endógenos têm várias vantagens potenciais em relação a alguns sistemas específicos de tecidos. A expressão constitutiva de biomoléculas estranhas pode interferir com o crescimento e o desenvolvimento da planta e, em casos graves, pode bloquear a regeneração da planta. Até certo ponto, o problema da letalidade pode ser ultrapassado através da utilização de promotores específicos do tecido, mas os sistemas induzidos por produtos químicos oferecem uma elevada indutibilidade e especificidade para a expressão genética regulada. Estes sistemas são quiescentes na ausência de indutores. A utilização de promotores induzíveis por via química em combinação com o fator de transcrição de resposta química pode restringir ainda mais a expressão do transgene alvo a tecidos, órgãos ou mesmo tipos de células específicos (Zuo *et al.,* 2000). Os promotores induzíveis geralmente utilizados são o promotor do gene da alfa-amilase do arroz (aAmy3) e o promotor da hidroxi-3-metilglutaril CoA redutase 2, que é induzido por stress mecânico (Cramer *et al.,* 1996; Cramer e Weissenborn, 1997). Os outros promotores induzíveis são os promotores induzidos pelo cobre (Mett *et al.,* 1993), In 2-2 (De Veylder *et al.,* 1997), alc system (Caddick *et al.,* 1998), Tet/DEX system (Aoyama e Chua, 1997), Potato wtm I (Siebertzet *al.,* 1989) **(Quadro 6.4)**.

Tabela-6.4: Lista de promotores sintéticos induzíveis

S.No	Name of the promoter	Source	Induced by	Reference
1	RD22	_	drought-induced expression	Abe *et al.*, 1997
2	CRT (C-repeat) and LTRE (low-temperature-responsive element)	_	cold-inducible promoters	Baker *et al.*, 1994, Jiang *et al.*,1996; Stockinger *et al.*, 1997
3	P1301A; P1301B	Transcription activation module (TAM) designed from a database of highly expressed plant genes	salicylic acid-, salinity- and IAA-inducible	Chaturvedi *et al.*, 2006
4	pBI2×ABRE, pBI4×ABRE	Wheat Emgene promoter	Salinity/abscisic acid-inducible	Ganguly *et al.*, 2001
5	Triple-Op	CaMV 35S, tetoperator	Tetracycline-inducible	Gatz, et.al., 1992
6	CMPG1		Induced by	Heise *et al.*,

		parsley and *Arabidopsis*	Pathogen elictors	2002
7	EKCM, EKCRM, ECCRM	Arabidopsis erd1, kin1, cor15a, and rd29A promoters	Stress (drought, salinity, cold)-inducible	Hou *et al.*, 2012
8	4x NRE	-	Nitrate inducibility	Konishi and Yanagisawa 2010
9	XRE-P	Mouse	Dioxin (3-methyl-cholanthrene (MC), β-naphthoflavone (βNF), and indigo)-inducible	Kodama *et al.*, 2007
10	4H1-46	Tobacco hex-1 promoter	Seed-specific and desiccation-, salinity- and abscisic acid-inducible	Lam *et al.*, 1991
11	pCAR46C	chs15 promoter sequences	Induced by p-coumaric acid	Loake et al. 1992
	TCS	B-type Arabidopsis response regulator	Cytokinin-inducible	Muller et.al., 2008

		(ARR)-binding motifs and minimal 35S		
12	4D and 2S2D	coupling either the D or the D/S elements from parsley plants to the CaMV 35S core promoter		Niemeyer *et al.*, 2014
13	4×GT1,4×GATA, 4×G, 2×Z	Arabidopsis light-regulated photosynthetic genes (cab, rbcS) promoters	Light-inducible	Puente *et al.*, 1996
14	EFCFS-HS-1, EFCFS-HS-2, EFCFSHS-3	Figwort mosaic virus F20 and FS3 promoters	Vascular tissue-specific and stress (SA, JA)- inducible	Ranjan *et al.*, 2012
15	4×W1, 4×W2, 4×D, 4×GCC, 4×S, 4×JERE, 4×GST, 4×DRE , 4X W2/4x S,	Parsley PR1, Tobacco chitinase, Parsley ELI7 Periwinkle Str, Potato	Pathogen- and wound-inducible	Rushton *et al.*, 2002

	4xW2/2xS/2Xd	GST1 and Arabidopsis rd29A gene promoters		
16	SP-EE, SP-FF, SP-FFEE	CaMV35S	Bio trophic-sensitive and pathogen-inducible (chitin)	Shokouhifar *et al.*, 2011
17	CGEcR, VGEcR	European corn borer ecdysone receptor	Methoxyfenozide-inducible	Unger *et al.*, 2002
18	DR5(8×)	Soybean GH3 promoter	Auxin-inducible	Ulmasov *et al.*, 1997
19	NRP		Nitrate inducibility	Wang *et al.*, 2010
20	pGLbd1-6	CaMV 35S, PClSV, or OPR1 promoters	Bidirectional, constitutive or wounding-, JA-, and leaf senescence-inducible	Xie *et al.*, 2001
21	mPtDrl02	Populus	Bidirectional,	Zheng

		tomentosa 9 P. bolleana) 9 P. tomentosa	methyl jasmonate inducible	*et al.*, 2011
22	pCL; pLC	*Arabidopsis* cor15a promoter and potato class I patatin promoter	Tuber-specific and cold-inducible	Zhu *et al.*, 2008

Promotor sintético ou artificial

Os promotores sintéticos são geralmente construídos através da fusão de um promotor basal ou central com elementos compostos, *cis* que têm a capacidade de funcionar independentemente do promotor nativo correspondente. Um sistema ou módulo sintético optimizado é capaz de controlar a atividade de um ou vários transgénios de forma quantitativa, espacial e temporal (Wang *et al.,* 2003; Gurr e Rushton 2005; Tavva *et al.,* 2006; Venter e Botha, 2010). No entanto, os promotores sintéticos são ferramentas moleculares poderosas que podem contribuir significativamente para futuras aplicações biotecnológicas e para a elucidação da função dos genes na investigação fundamental (Moore et al. 2006). No passado, foram construídos promotores artificiais através da engenharia combinatória de elementos *cis*, que incluem potenciadores, activadores ou repressores, a montante do promotor central. O desenvolvimento de promotores sintéticos através de mecanismos de regulação cis e trans foi revisto por (Venter, 2007). Os promotores sintéticos foram construídos utilizando rearranjos de elementos cis-acting, como as caixas W1, W2, GCC, JERE, S, Gst1 e D, que fornecem novos conhecimentos sobre a sinalização induzida por agentes patogénicos e feridas (Rushton *et al.,* 2002). Um promotor híbrido "(Aocs) 3AmasPmas ou superpromotor" foi construído através da combinação de uma repetição tripla da sequência activadora ocs, do elemento ativador mas e do promotor mas (Ni *et al.,* 1995). Recentemente, Mehrotra *et al. efectuaram* uma revisão sobre a conceção de promotores artificiais por engenharia cis (Mehrotra *et al., 2011)* . Recentemente, o nosso grupo registou vários promotores novos utilizando os métodos acima referidos (Kumar *et al.,* 2011; Ranjan *et al.,* 2012; Patro *et al.,* 2012) **(Quadro 6.5)**

Tabela-6.5: Lista de promotores híbridos/sintéticos/quiméricos

S. N.	Name of promoters	Source	References
1	E8-E4 hybrid promoter	E8 and E4 gene promoters	Bestwick and Kellogg., 2000
2	E4-E8	-	Bestwick *et al.*, 2000
3	Mac	CaMV35S and MAS	Comai *et al.*, 1990
4	VR-ACS1	Vignaaminocyclopropane-1-carboxylate	Wever *et al.*, 2010

		synthase gene promoter	
5	tacI and tacII	trp and lac	de Boer *et al.*, 1983
6	MMV(FLt)	(MMV) full-length transcript promoter with single and double enhancer domains	Dey and Maiti 1999b
7	Chimeric promoter	19S core promoter and 35S enhancer	Driesen et al., 1993
8	p35S- PCHS - Ω, p35S- LCHS – Ω, pOCS-PCHS - Ω and pOCS- LCHS – Ω	Petunia & lily	Du et al., 2014
9	Heterologous Promoters	Multimers of 35S fragment (-209 to -46)	Fang et al., 1989
10	proA, proA1, proB	African cassava mosaic virus (ACMV) DNA A and B romoters	Frey PM et.al., 2001
11	pBdENP,	Pumpkin	Guo et

	pBENII		al., 2004
12	Enhanced CaMV35S	tandem duplication of 250 base pairs of upstream sequences and CaMV35S	Kay *et al.*, 1987
13	Recombinant promoters	MSgt-FSgt	Kumar *et al.*, 2011
14	Novel Superpromoter	Triple repeats of the octopinesynthase transcriptional activating element fused to the mannopine synthase2' (mas2') transcriptional activating element plus minimal promoter	Lee *et al.*, 2007
15	pd35GR, pd35ER, pdCGR, pq35GR	CaMV 35S or CsVMV	Li et.al., 2004
16	p(OCS)n-OCS	Octopine synthase promoter	Liu S &Bao Y 2009
17	XPR2 based	UAS1B fragment from pXPR2 (from	Madzak *et al.*,

		nucleotide -805 to -701) upstream from minimal pLEU2	1999
18	Strong hybrid Promoter	minimal pLEU2 and carrying one to four tandem copies of UAS1B fragment	Madzak *et al.*, 2000
19	PClSV (FLt)	(PClSV) (FLt) promoter containing single and double enhancer domains	Maiti and Shepherd 1998
20	FMV FLt promoters	(FMV)(FLt) promoter containing single and double enhancer domains	Maiti *et al.*, 1997
21	Chimeric promoter for both monocot and dicot	CaMV 35S core promoter, three different 5'- upstream sequences of the 35S promoter, the first intron of a gene for phaseolin, and a S'-untranslated sequence (Ω sequence) of tobacco mosaic virus	Mitsuhara *et al.*, 1996
22	Super Promoter	octopine and mannopine synthase genes	Ni *et al.*, 1995
23	Amas'AocsPo	Mannopine synthase	Ni M, *et*

	cs, (Aocs)3Amas Pmas	and octopine synthase promoters	*al.*, 1995
24	Chimeric promoters	Double CaMV 35S enhancer elements and truncated promoter of wheat α amylase gene	Omirulleh *et al.*, 1993
25	Functional promoter	Inversion and duplication of the CaMV 35S RNA promoter DR segment (-148 to -89)	Ow *et al.*, 1987.
26	Functional promoters	MMV FLt, FMV Sgt with core promoter of CaMV35S i.e. (MUAS35SCP) and (FUAS35SCP)	Patro *et al.*, 2012
27	FMV(Sgt)	FMV(Sgt) with double and triple enhancer i.e. (FS3-UAS-2X) and (FS3-UAS-3X)	Ranjan *et al.*, 2011
28	Hybrid promoters	UAS region of FMV(FLt) and core promoter region of	Ranjan *et al.*, 2012 &

		FMV(Sgt)	Acharya *et al.*, 2014
29	Emu	Recombinant ARE-ocs-adh-1	Sagi *et al.*, 1995a, Remy *et al.*, 2000
30	Pcec, Pmec	Transcription activation module (TAM) designed from a database of highly expressed plant genes	Sawant *et al.*, 2001 &Koul, B. *et al.*, 2012
31	A27znGlb1	Maize 27zn and Glb1 promoters	Shepherd et.al., 2009
32	Rab 2x (-188 to -158), Rab 6x (-181 to -171) Amy 1x (-189 to -120), Amy 6x (-148 to -128).	Rice and Barley	Skriver *et al.*,1991
33	pFF plasmids	35S 5' regulatory region with the	Timmer mans *et*

		enhancer duplicated and the 35S polyadenylation signal	*al.*, 1990
34	pTS21, pTS22, pTS23, pTS24	CaMV 35S	van der Meer *et al.*, 1992
35	Mac	malt and lacI	Vidal-Ingigliardi and Raibaud., 1985
36	pmGR1, pmGR2	Watermelon	Yin *et al.*, 2009
37	pBDGG	CaMV 35S	Zhang et.al., 2008

CAPÍTULO 7:

Isolamento de promotores: Diferentes abordagens para identificar o promotor

As abordagens mais úteis para o isolamento do elemento promotor baseiam-se no cDNA e na marcação com T-DNA. Nos métodos de cDNA, o mRNA desejado é isolado e o clone de cDNA é produzido por transcriptase reversa. As regiões reguladoras adjacentes do cADN são então identificadas por análise/comparação da sequência do ADN genómico correspondente (Maleck *et al.*, 2000; Schenk *et al.*, 2000; Seki *et al.*, 2001; Rabbani *et al.*, 2003; Yazaki *et al.*, 2004). Os métodos mais utilizados para isolar promotores constitutivos têm-se baseado no cDNA (Xiao *et al.*, 2005).

Os métodos de marcação com T-DNA baseiam-se na capacidade da *Agrobacteriurn tumifumefaciens* de inserir o seu T-DNA aleatoriamente no genoma da planta (Zambryski, 1988). Se o T-DNA contiver um gene repórter sem promotor adjacente à região limítrofe (é preferível a região limítrofe direita), os promotores marcados das plantas podem ser recuperados através de uma seleção e um rastreio de elevado rendimento de plantas transformadas que apresentem atividade de gene repórter. A região do promotor marcado pode ser isolada através do rastreio do genoma do transformante para detetar a presença do gene repórter. Estes métodos de marcação têm sido habitualmente utilizados para isolar elementos reguladores específicos de tecidos e órgãos. Uma vez identificados os novos promotores, estes podem ser validados funcionalmente quanto à sua atividade e padrão de expressão.

Para além destas, foram também adoptadas as técnicas RACE PCR (Kuriakose *et al.*, 2009), Inverse PCR (Ochman *et al.*, 1998), TAIL PCR (Liu e Whittier, 1995) e genome walking (Siebert *et al.*, 1995; Filichkin *et al.*, 2004; Gong *et al.*, 2005; Hong e Hwang, 2006).

PCR de amplificação rápida de extremidades de cDNA (RACE):

Para isolar novos promotores cuja sequência não é conhecida, a RACE é uma das soluções mais adequadas. Os iniciadores Forward e Reverse são o requisito primário da PCR geral, que pode ser facilmente satisfeito se a sequência for conhecida, enquanto que para isolar novos promotores das espécies de sequência parcialmente conhecida pode ser empregue o RACE. É utilizado para a amplificação da sequência de ácidos nucleicos a partir do modelo de ARNm entre um local interno definido e sequências desconhecidas na extremidade 3' ou 5' do ARNm. O 3' RACE utiliza a cauda natural de poli A como iniciador para a amplificação por PCR. Os adaptadores Oligo-dT e a transcriptase reversa são utilizados para produzir cDNA a partir do modelo de mRNA. Agora, o cADN específico é amplificado diretamente por PCR utilizando um iniciador específico do gene (GSP) que se liga a uma região de sequências de exões conhecidas e um iniciador adaptador que visa a região da cauda poli (A). Isto permite uma amplificação fácil da sequência desconhecida de ARNm 3'que ocorre entre as etiquetas de sequência expressa e a cauda poli (A). O 5' RACE, ou PCR "ancorado", é uma técnica que facilita o isolamento e a caraterização das extremidades 5'. No 5' RACE, a síntese da primeira cadeia de cADN é preparada com um oligonucleótido anti-sentido específico do gene (GSP1), o que permite a conversão do cADN em ARNm específico ou em famílias de ARNm ligadas. Após a síntese do cADN, o ARNm do produto é isolado dos dNTPs não incorporados e do GSP1. A ligação homopolimérica das extremidades 3' do cADN é efectuada através da adição de desoxinucleotidil transferase terminal. Em seguida, o cADN com cauda é amplificado por PCR. Uma combinação de três iniciadores que inclui um iniciador específico do gene aninhado (GSP2), que se liga 3' ao GSP1; e uma mistura de um iniciador âncora complementar contendo homopolímero e um iniciador adaptador correspondente que permite a amplificação a partir da cauda homopolimérica. Este procedimento permite a amplificação de sequências desconhecidas que se encontram entre a extremidade 5'do ARNm e a GSP2. O RACE pode ser utilizado para o isolamento de alguns ARNm raros que constituem um desafio para as metodologias convencionais de clonagem de ADNc (Loh 1991). A clonagem de múltiplos genes utilizando uma única reação de síntese da primeira cadeia de um cADN com primers hexâmeros aleatórios foi amplamente adaptada ao RACE 3' e 5' (Harvey 1991). O produto RACE pode ser diretamente sequenciado sem utilizar quaisquer passos de clonagem intermitente, podendo também ser preparadas sondas utilizando produtos RACE. O RACE pode ser utilizado em combinação com o método de captura de exões para permitir uma amplificação eficiente e a consequente caraterização de sequências de codificação desconhecidas (**Figura 7.1).**

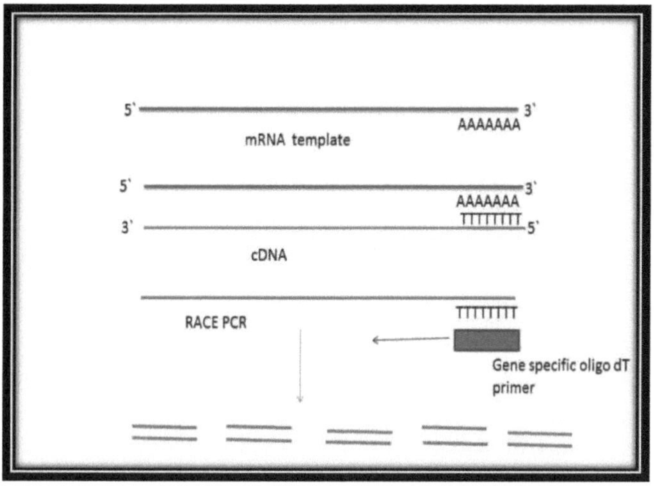

Figura 7.1 Representação esquemática do RACE

PCR assimétrica térmica entrelaçada (TAIL):

TAIL-PCR é um dos métodos de PCR amplamente utilizados para a amplificação de fragmentos de ADN desconhecidos flanqueados por sequências conhecidas **(Figura-7.2)**. TAIL-PCR é uma técnica altamente eficiente e simples, utilizada em diferentes áreas da investigação biológica, que inclui a determinação de sítios de inserção de ADN T e transposão em *Arabidopsis* e *arroz* (Sessions *et al.*, 2002, Miyao *et al.*, 2003), o isolamento da sequência a montante e a jusante do transcrito. (Uozumi *et al.*, 2000 Zhao *et al.*, 2005) Esta técnica baseia-se no princípio da utilização de um iniciador aninhado (iniciador específico da sequência) com uma temperatura de fusão superior a 65°C ao longo da reação, juntamente com um iniciador degenerado arbitrário (AD) curto com uma Tm de cerca de 45°C e uma degenerescência de cerca de 64-256 dobras. Neste procedimento, a amplificação relativa de sequências conhecidas e desconhecidas é controlada termicamente (Liu & Whittier *et al.*, 1995, Liu *et al.*, 1995). São efectuadas duas variedades de ciclo, uma com baixa estringência para gerar locais de recozimento para o iniciador AD e a outra com alta estringência. As sequências desconhecidas são amplificadas preferencialmente em relação aos produtos não-alvo que são preparados com AD, aplicando dois ciclos de alta estringência com um ciclo de baixa estringência. Esta amplificação preferencial baseia-se no princípio de que o produto-alvo preparado com primers de elevada temperatura de fusão é amplificado ao aplicar um ciclo de elevada estringência, deixando para trás os produtos não-alvo preparados com primers AD com baixa temperatura de fusão e maior grau de degenerescência (Sessions *et al.*, 2002). Juntamente com o isolamento do promotor de uma sequência desconhecida, a TAIL-PCR pode ser utilizada eficazmente para amplificar inserções e segmentos. Estes segmentos podem ser utilizados como sondas específicas e adequadas para o rastreio de bibliotecas e como modelo para a sequenciação direta.

PCR inversa:

A PCR inversa é a extensão da PCR convencional e é utilizada para a amplificação de uma sequência desconhecida que é flanqueada por uma sequência conhecida (etiquetas de sequência expressa). A PCR inversa é também conhecida como PCR invertida ou de dentro para fora, uma vez que permite "andar" fora de uma região de sequência conhecida.

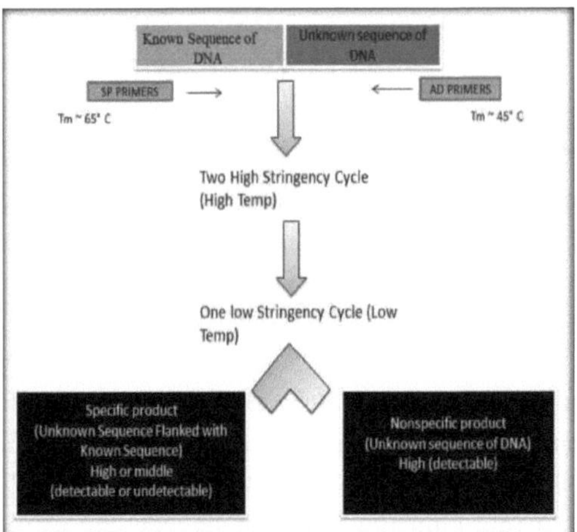

Figura 7.2 Representação esquemática da TAIL

Este método é utilizado para amplificar uma sequência de nucleótidos desconhecida a partir do ADN genómico e do ADNc com uma única diferenciação na primeira etapa. Quando se utiliza ADN genómico, procede-se à digestão de restrição deixando intacta a região do núcleo, ou seja, a região do núcleo não deve ter esses sítios de restrição. Agora, os fragmentos digeridos podem ligar-se entre si, o que resulta na formação de círculos monoméricos (Collins e Weissman 1984). O produto de ligação resultante é utilizado como substrato para a amplificação por PCR utilizando iniciadores de oligonucleótidos complementares à sequência conhecida. O produto de PCR obtido é uma molécula linear de cadeia dupla que inclui o segmento da região do núcleo. Agora, a sequência alvo a montante ou a jusante da região do núcleo pode ser isolada utilizando enzimas de restrição previamente usadas. (Huang *et al.*, 1990) Enquanto a sequência-alvo entre a região do núcleo pode ser obtida utilizando uma enzima de restrição que cliva a região do núcleo. Para amplificar a sequência-alvo a partir do ARNm, sintetizou-se cADN e ligou-se uma extremidade à outra (Cusi *et al.*, 1992, Lau *et al.*, 1993). O cDNA circularizado é então amplificado por um iniciador específico do gene para obter o ADN alvo **(Figura 7.3)**.

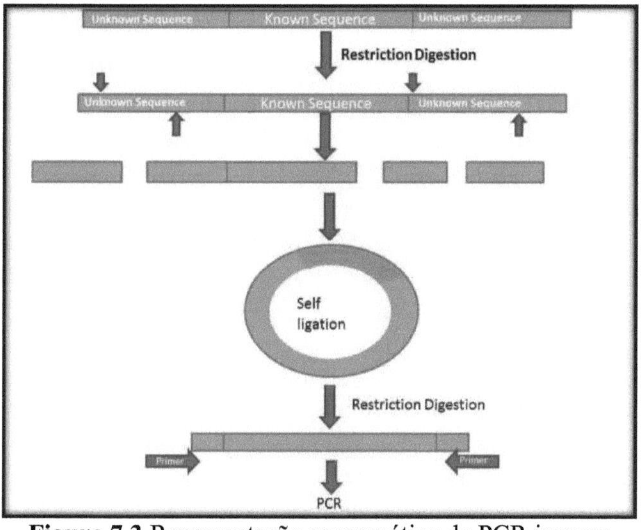

Figura 7.3 Representação esquemática da PCR inversa

Caminhada no genoma:

Uma técnica molecular para identificação e isolamento de ADN desconhecido flanqueado por ADN conhecido

Na região do genoma, podem ser utilizados vários métodos diferentes baseados na PCR, normalmente conhecidos como genome walking. Esta técnica permite tanto a identificação de novas sequências flanqueadas pela sequência conhecida como a análise de grandes bibliotecas produzidas por mutagénese insercional de retrovírus e elementos transponíveis.

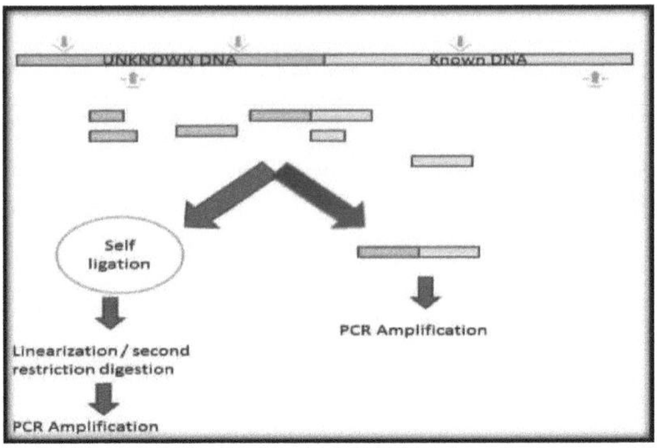

Figura 7.4 Representação diagramática do Genome Walking

Os métodos de "Genome Walking" (GW) podem ser classificados em 1) Métodos de GW baseados na restrição, que requerem nucleases de extremidade de restrição de digestão de restrição e adaptadores. 2. Métodos GW baseados em iniciadores que utilizam iniciadores aleatórios ou degenerados em combinação com iniciadores específicos da sequência. 3. Método de GW baseado na extensão, que utiliza um iniciador específico da sequência junto à cauda 3' do ADN de cadeia simples que fornece o substrato para a amplificação por PCR (**Figura 7.4**)

Armadilha do promotor:

A armadilha de promotores baseia-se na introdução no genoma de um vetor de armadilha sem promotor com um gene repórter. A expressão destes vectores só ocorre quando a inserção está localizada dentro da unidade de transcrição e no local correto, ou seja, num exão dentro da maquinaria de transcrição (Springer, 2000). Estes vectores prendem os promotores do gene endógeno, que podem ser isolados com primers específicos do gene. Esta técnica tem sido aplicada com sucesso em vários organismos, incluindo mamíferos, insectos e plantas. (Gossler *et al.,* 1989, Bellen 1999 Fobert *et al.,* 1991). A armadilhagem de promotores é uma abordagem útil, eficiente, flexível e robusta que a torna uma alternativa potente e uma abordagem complementar às técnicas convencionais (**Figura 7.4)**

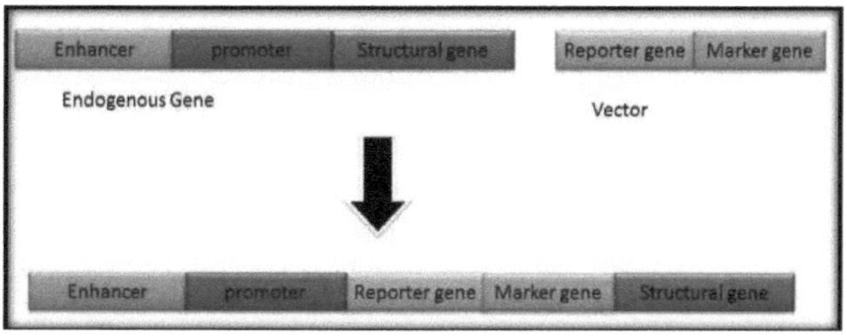

Figura 7.5 Representação diagramática da armadilha do promotor

Aprisionamento do Enhancer:

Esta técnica permite o estudo do modo de regulação do gene por enhancer e também ajuda a determinar a possível localização do enhancer. O vetor de armadilha do potenciador utiliza um gene repórter fundido com um promotor mínimo com a sua caixa TATA e o local de início da transcrição. O promotor mínimo deste vetor de armadilha é ativado por uma sequência de potenciador próxima que pode ser facilmente localizada através do gene repórter.

Figura 7.6 Representação esquemática do Enhancer Trapping

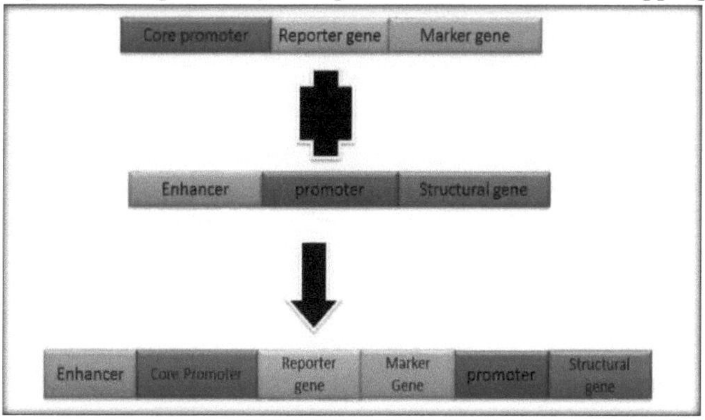

CAPÍTULO 8:

Promotores utilizados na investigação molecular de plantas

Farmácia

A química molecular é uma abordagem pioneira que oferece uma oportunidade sem precedentes para a produção de medicamentos em grande escala. Esta abordagem utiliza as plantas para a produção de proteínas terapêuticas que podem ser purificadas ou utilizadas sob a forma de vacinas comestíveis. Atualmente, a agricultura molecular de plantas tem merecido grande atenção para a produção de variedades de vacinas, incluindo a glucocerebrosidase humana, um dos medicamentos mais caros utilizados na terapia de substituição enzimática (Cramer *et al.,* 1996). A somatotropina humana é utilizada para o tratamento da síndrome de Turner, da insuficiência renal crónica, do nanismo hipopituitário em crianças, etc. (Staub *et al.,* 2000). CTB, LTB, HB_s Ag, interferão humano, avidina, estreptavidina e hirudina são alguns dos outros produtos sintetizados utilizando a farmacologia molecular vegetal. Vários outros anticorpos são sintetizados em plantas usando variedades de promotores listados na **Tabela 8.1**.

Para a produção de produtos à base de culturas de plantas/células vegetais, o promotor actua como um importante regulador genético. Foram criados diferentes tipos de promotores para o desenvolvimento de culturas transgénicas, incluindo promotores constitutivos de origem vírica e vegetal, promotores específicos de tecidos/aprimorados, promotores específicos de tipos de células, promotores específicos de organelos, promotores induzíveis e promotores sintéticos. Um grande número de promotores está patenteado e pode ser obtido nas páginas Web dos gabinetes de patentes (http://ep.espacenet.com). No domínio da biotecnologia vegetal, foram isolados vários promotores de uma grande variedade de organismos e utilizados para diferentes aplicações. Alguns promotores importantes utilizados em aplicações biotecnológicas de plantas são ilustrados a seguir (**Figura 8.1**).

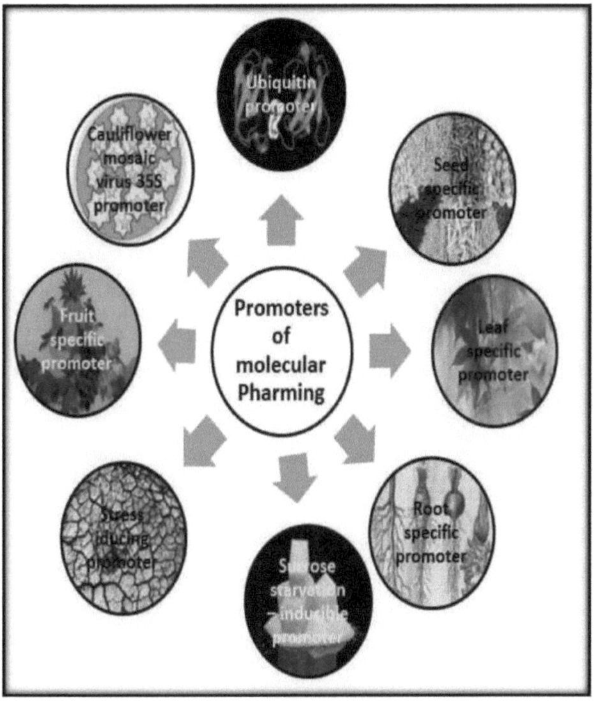

Figura 8.1: Diferentes promotores utilizados em Pharming molecular

Promotor 35S ***do vírus do mosaico da couve-flor***

Este promotor tem sido utilizado para produzir várias proteínas antigénicas em plantas, incluindo CTB, LTB, HBsAg, antigénio protetor, glicoproteína G do vírus da raiva, glicoproteína S do vírus SARS (Aziz *et al.*, 2005; Huang *et al.*, 2001; Jani *et al.*, 2002; Kang *et al.*, 2004; Li *et al.*, 2006; McGarvey *et al.*, 1995; Satyavathi *et al.*, 2003). Este promotor é também utilizado para outros produtos de importância terapêutica ou industrial, como anticorpos monoclonais, seda de aranha, péptido SMAP-29, estreptavidina, avidina e adiponectina (Berberich *et al.*, 2005; Drake *et al.*, 2003; Hull *et al.*, 2005a; Morassutti *et al.*, 2002; Murray *et al.*, 2002; Scheller *et al.*, 2001; Zeitlin *et al.*, 1998).

Promotores de ubiquitina

Estes promotores foram utilizados para produzir várias moléculas como CTB, LTB, HBsAg, interferão humano, avidina ou aprotonina (Hood *et al.*, 1997, Zhong *et al.*, 1999; Chen *et al.*, 2004; Kumar et al. 2005, Kang *et al.*, 2006a; 2006b). O promotor da patatina tem sido utilizado como alvo em tubérculos de batata para a produção de várias moléculas, incluindo CTB, LTB, HBsAg, dextrano, mutano ou alternansucrase em tubérculos de batata (He *et al.*, 2007; Joung *et al.*, 2004; Kok-Jacon *et al.*, 2005a; 2007; Lauterslager *et al.*, 2001; Richter *et al.*, 2000; Shulga *et al.*, 2004).

Promotores específicos para frutos

Os frutos são alvos preferenciais para a expressão de antigénios de vacinas que podem ser utilizados com pouco processamento. Foi identificado um promotor E8 específico do fruto a partir do tomate

(Deikman *et al.*, 1992) e utilizada para a expressão de vários antigénios em frutos (Jiang *et al.*, 2007; Ramirez *et al.*, 2007; Sandhu *et al.*, 2000).

Promotor específico da semente

Foram utilizados promotores específicos de sementes para produzir moléculas recombinantes como LTB, pró-insulina, lacase, epítopos de células T humanas, proteína VP2 do vírus da doença bursal, beta-glucosidase ácida da placenta humana, provitamina A, lectoferina e fitase (Aluru *et al*, 2008; Bailey *et al.*, 2004; Brinch-Pedersen *et al.*, 2006; Chikwamba *et al.*, 2002; Farinas *et al.*, 2005; Hood *et al.*, 2003; Li *et al.*, 1997; Reggi *et al.*, 2005; Takagi *et al.*, 2005).

Promotor específico do cloroplasto

Os promotores específicos dos cloroplastos têm sido utilizados para direcionar a expressão de proteínas estranhas para os cloroplastos. O promotor de ARN (Prrn) ou os promotores do gene psbA são normalmente utilizados para a transformação de cloroplastos. Várias moléculas, incluindo CTB, LTB, antigénio protetor ou insulina, foram produzidas em cloroplastos utilizando o promotor Prrn ou psbA (Daniell *et al.*, 2001a; Kang *et al.*, 2004; Koya *et al.*, 2005; Ruhlman *et al.*, 2007; Staub *et al.*, 2000).

Promotor específico da folha

Foi utilizado um promotor específico da folha, o promotor do gene rbcS, para produzir a vacina da subunidade da varíola, a endoglucanase E1 ou a xilanase nas folhas das plantas (Dai *et al.*, 2000; Golovkin *et al.*, 2007; Hyunjong *et al.*, 2006).

Promotor induzido por inanição de sacarose (gene da alfa amilase de arroz)

Este promotor foi utilizado para exprimir o gene do interferão gama humano

(Chen *et al.*, 2004) e o gene da al-antitripsina humana (Terashima *et al.*, 1999).

Tabela 8.1: Expressão de anticorpos em plantas utilizando uma variedade de promotores.

(Adaptado de Muynck *et al.*, 2010)

Antibody	Promoter	Host species	Organ
6D4	CaMV 35S	*N. tobacum*	Leaves
B 1-8	Pnos	*N. tobacum*	Plant-derived, callus tissue , Leaves, Stems
Mak33	CaMV 35S	*N. tobacum*, *A. thaliana*, *Solanum tuberosum*	Callus, leaves, tuber
G1/A	CaMV 35S	*N. tobacum*	Leaves
Guy's 13	CaMV 35S	*N. tobacum*	Leaves, Hairy root culture

			suspension cells, shooty teratoma cultures
21C5	CaMV 35S+	*N. tobacum*	Roots
mAb24	CaMV 35S	*N. tobacum*	Leaves
$6D_4$	CaMV 35S	*N. tobacum*	Leaves,Roots
C5-1	CaMV 35 S+ & CPMV promoter	*Medicago Sativa & N. benthamiana*	Leaves
cT84.66	CaMV 35S+	*N. tobacum*	Leaves
rAb29	CaMV 35S+	*N. tobacum*	Leaves
MGR48	CaMV 35S+	*N. tobacum*	Leaves
GAN4B.5	CaMV 35S	*A.thaliana*	Whole Plants
cPIPP	CaMV 35S+	*N. tobacum*	Leaves
CB-Hep.1	CaMV 35S	*N. tobacum*	Leaves, seedlings
SO57	CaMV 35S	*N. tobacum*	Leaves, Suspension cells
CL4	CaMV 35S	*N. tobacum*	Suspension cells
hOAT	2,4-D inducible (OCS) Mas	*Lactuca sativa*	Leaves

	promoter		
IQ6E4	CaMV 35S	*N. benthamiana*	Leaves
TheraCIM	CaMV 35S	*N. tobacum*	Leaves
14D9	CaMV 35S	*N. tobacum*	Leaves
BR55-2	CaMV 35S+	*N. tobacum*	Leaves
A5	CaMV 35S	*N. benthamiana*	Leaves
2G12	gt-1	*Zea Mays*	Seeds
2F5	CaMV 35S+, CaMV 35S	*N. tobacum*	Suspension cells, Leaves
H10	CaMV 35S	*N. tobacum*	Leaves
L0-BM2	En2pPmA4	*N.tobacum*	Suspension cells

CAPÍTULO 9:

Engenharia de promotores: Redesenho de arquitecturas de promotores

O uso repetitivo do mesmo promotor que partilha a homologia de sequência pode resultar no silenciamento de genes transcricionais (Bhullar *et al.*, 2003; Meyer e Saedler, 1996; Vaucheret e Fagard, 2001). O silenciamento de genes transcricionais resultante da homologia de sequência em regiões promotoras está correlacionado com o aumento da metilação do promotor (Kooter et al. 1999) e parece ser conduzido pela produção de RNA de cadeia dupla (dsRNA) correspondente à sequência promotora (Mette et al. 2000). Foram adoptadas muitas abordagens **(Figura-9.1)** para a manipulação genética do promotor, a fim de melhorar as suas actividades e minimizar a homologia das sequências:

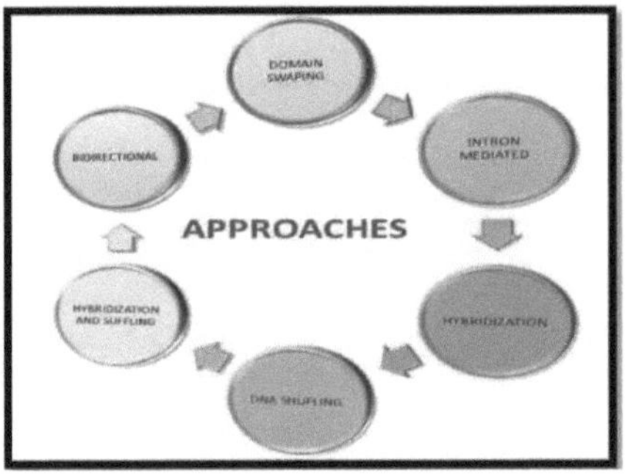

Figura-9.1: Representação esquemática de várias abordagens para redesenhar as arquitecturas dos promotores

Troca de domínios

No sistema eucariótico, a estrutura do promotor é modular por natureza, consistindo em diferentes domínios e subdomínios (Benfey e Chua, 1990). Para gerar diversidade de promotores, a fim de evitar fenómenos como o silenciamento de genes baseado na homologia (HBGS), foram construídos vários promotores sintéticos substituindo elementos *cis* de um promotor por uma região funcionalmente equivalente de promotores heterólogos, o que se designa por domain swapping (Bhullar *et al.*, 2003). As regiões promotoras mínimas do promotor rbcs-3A da ervilha *(Pisumsativum;* Fluhr *et al.*, 1986; Kuhlemeir *et al.*, 1988), do promotor ats-1A da Arabidopsis (Krebbers *et al,*

1988; Donald e Cashmore, 1990), e o promotor cab22R de petúnia *(Petunia hybrida;* Gidoni *et al.,* 1988, 1989) foram trocados de domínio com o promotor mínimo de 35S para criar um conjunto desses promotores 3AT, 1AT e 22RT, respetivamente. Verificou-se que os promotores 35S modificados, desenvolvidos por troca de domínios, não eram tão eficientes como o promotor 35S de tipo selvagem (**Figura-9.2 a**).

Hibridação

A hibridação é um método em que dois ou mais domínios, como a região potenciadora, provenientes da mesma fonte ou de fontes diferentes, são fundidos com o promotor central que contém a caixa TATA. Na sequência do método de hibridação, foram desenvolvidos e utilizados vários promotores híbridos para a modificação de plantas (**Figura-9.2 b**).

Baralhamento do ADN

A revolução in vitro (DNA shuffling), uma técnica versátil para introduzir mutações aleatórias em sequências de ADN, tem sido utilizada com êxito para modificar sequências de ADN de um ou mais genes para melhorar as propriedades catalíticas das enzimas, a estabilidade e a especificidade do substrato de vários genes. (Stemmer *et al.,* (1994 a e b); Xiong *et al.,* 2007; Castle *et al.,* 2004; Keenan *et al.,* 2005; Hibbert *et al.,* 2005; Otten e Quax, 2005). No ano de 2005, Remans et al. efectuaram uma análise funcional de promotores aplicando um esquema de evolução in vitro que consistia em ciclos de PCR propensos a erros, seguidos de baralhamento do ADN e seleção de actividades de promotores mutantes. (Figura-9.2 c) Recentemente, o nosso grupo investigou exaustivamente o âmbito da baralhação do ADN para desenvolver promotores úteis, utilizando o promotor do transcrito completo do *vírus do mosaico da figueira* (F, - 249 a +64) (Maiti *et al.,* 1997) e o promotor do transcrito subgenómico *do vírus do mosaico da figueira* (FS, -270 a +31) (Bhattacharyya *et al.,* 2002). No nosso estudo, observámos que a maior parte dos promotores baralhados tinham actividades reduzidas, exceto alguns, em comparação com os promotores nativos (promotores progenitores). Mas é interessante notar que os promotores modificados obtidos por baralhamento do ADN apresentaram um amplo espetro de actividades (variáveis). Assim, podem ser utilizados para estudar a regulação da expressão de genes ectópicos em plantas. Assim, esta técnica pode ser eficiente em relação a outras abordagens para gerar milhares de promotores com sequências heterogéneas para evitar o silenciamento de genes baseado na homologia (Ranjan *et al.*, 2012).

Hibridação e baralhamento de promotores

No passado recente, tentámos pela primeira vez explorar plenamente a técnica de baralhamento do ADN para redesenhar a sequência genética de vários promotores híbridos (Ranjan *et al., 2012)* . Os nossos resultados mostraram que os promotores híbridos tinham uma atividade 5-6 vezes mais forte em comparação com a dos promotores nativos (parentais). Quando inserimos uma mutação na sequência dos promotores híbridos, observámos que as actividades dos promotores híbridos misturados eram reduzidas em comparação com as dos promotores híbridos nativos. A vantagem deste estudo foi que a exploração de abordagens combinadas de hibridação e baralhamento resultou no desenvolvimento de promotores heterogéneos com actividades reduzidas e melhoradas que podem ser utilizadas eficazmente em aplicações baseadas na biotecnologia vegetal, incluindo a engenharia metabólica e a farmácia molecular.

Promotores bidireccionais

O empilhamento de múltiplos transgenes em plantas é um passo crítico na biotecnologia vegetal. Normalmente, cada transgene é dotado de um promotor exclusivo para a sua expressão. Assim, são necessários vários promotores com uma atividade reforçada e com um nível mínimo de homologia para conduzir a expressão de vários genes. A sequência homóloga, com mais de 90 pb entre dois promotores, conduz frequentemente ao silenciamento de genes em plantas transgénicas (Flavell, 1994). O desenvolvimento de promotores bidireccionais é uma das abordagens que permite reduzir a utilização de promotores (Xie *et al.*, 2001). Estes promotores podem ultrapassar o problema associado ao silenciamento de genes baseado na homologia (Mol *et al.*, 1989; Meyer e Saedler, 1996; Vaucheret e Fagard, 2001; Bhullar *et al.*, 2003).

A função bidirecional dos promotores nas plantas foi descrita em poucos casos, incluindo o CaMV35S (Barfield e Pua, 1991; Xie *et al.*, 2001), os promotores mas (Velten *et al.*, 1984; Langridge *et al.*, 1989) e *o vírus do mosaico africano da mandioca* (ACMV) (Frey *et al.*, 2001). A ocorrência natural de promotores bidireccionais no genoma das plantas ainda não foi completamente examinada, mas há vários relatórios que mostram a presença de tais promotores em plantas como o promotor da oleosina em *Brassica napus* (Keddie *et al.*, 1994; Sadanandom *et al*, 1996), o gene da proteína de ligação à clorofila a/b (cab) de *Arabidopsis* com potencial promotor bidirecional (Carre e Kay, 1995), o promotor CaTin1- Catin1-2 em capsicum annuum (Shin *et al.*, 2003) e o novo promotor DP do melão (Wang *et al.*, 2008). No genoma humano, foi detectada a ocorrência frequente de pares de genes bidireccionais através da análise computacional

(Trinklein *et al.,* 2004; Takai e Jones, 2004; Yang et al, 2008; Adachi e Lieber, 2002), que definiram os genes bidireccionais como genes com transcrições divergentes, separados por uma curta sequência interveniente que funciona como promotor para ambos os genes. Foram obtidas provas numa publicação recente que utilizou bioinformática para identificar promotores bidireccionais de *Arabidopsis*, arroz e Populus (Williams e Bowles, 2004; Krom e Ramakrishna, 2008). A partir das sequências completas do genoma publicadas, foram identificados 8 742 e 5 763 pares de genes divergentes no arroz e na *Arabidopsis,* respetivamente. Todos estes pares de genes são fontes potenciais de promotores bidireccionais.

Muito pouco trabalho foi relatado sobre a função e o comportamento dos promotores bidireccionais em plantas transgénicas. Em estudos anteriores, os promotores unidireccionais que ocorrem naturalmente foram convertidos em promotores bidireccionais (Barfield e Pua, 1991; Xie *et al.,* 2001; Mitra *et al.,* 2009; Zhang *et al.,* 2008; Zheng *et al.,* 2011). O promotor bidirecional foi desenvolvido através da inserção de um potenciador duplicado entre dois promotores centrais dispostos de forma divergente (Li *et al.,* 2004). O promotor bidirecional sintético foi construído utilizando um promotor artificial Pcec (Chaturvedi *et al.,* 2006). Recentemente, foi desenvolvido um promotor bidirecional específico para vasculares derivado do promotor grp1.8 e 4CL1 (Lv *et al.,* 2009) e promotores bidireccionais baseados no promotor *do vírus do mosaico da figueira* (Sgt-) (Patro *et al.,* 2012) (**Figura-9.2 d**).

Expressão reforçada mediada por intrão

A capacidade de os intrões naturais aumentarem a expressão genética foi registada em muitas plantas. O papel do intrão na elevação do nível de ARNm segue duas razões: (1) Aumentando a síntese de ARNm através da ação de um elemento potenciador da transcrição ou de um promotor alternativo localizado no intrão e (2) Por reforço mediado pelo intrão. O mecanismo do reforço mediado pelo intrão (IME), contudo, não é bem compreendido. Há evidências acumuladas que sugerem que, após a transcrição, os intrões aumentam o nível de ARNm, reforçando a maturação e a estabilidade dos transcritos nascentes (Callis et al. 1987; Mascarenhas et al. 1990; Clancy et al. 1994; Donath et al. 1995; Dean et al. 1989; Rose e Last 1997). Ao contrário dos potenciadores transcricionais, o efeito potenciador dos intrões depende da posição e da orientação (Callis et al. 1987; Mascarenhas et al. 1990; Snowden et al. 1996). O mapeamento de deleção dos intrões Adhl e Shl do milho mostra que a maioria das sequências de intrões é dispensável (Clancy et al. 1994; Luehrsen e Walbot 1994a) para a IME; no entanto, uma grande deleção interna do primeiro intrão do gene Adh do milho reduz o splicing e, consequentemente, a IME (Luehrsen e Walbot 1994b). O mecanismo funcional para o reconhecimento e a eficiência da IME difere em espécies de monocotiledóneas e dicotiledóneas (Koziel et al. 1996).

Uma variedade de fragmentos contendo intrões fundidos com um promotor heterólogo demonstram IME (Vain et al. 1996; Dugdale et al. 2001). No entanto, para manter uma forte atividade promotora, os promotores derivados de monocotiledóneas, como o promotor adh1 do milho (Dennis et al. 1984; Callis et al. 1987), o promotor ubi1 do milho (Christensen *et al.*, 1992; Christensen e Quail 1996), o promotor shrunken-1 do milho (Maas *et al.*, 1991) e o promotor de actina do arroz (McElroy *et al.*, 1990), exigem que o seu primeiro intrão nativo esteja presente na região 5' não traduzida (UTR). Também a orientação anti-sentido da ORF VII do PClSV (denotada como p7R) em conjunto com o líder do PClSV actua como um intrão quando incluída na unidade de transcrição de construções de genes quiméricos, e aumenta a expressão do gene repórter (Bhattacharyya *et al.*, 2002).

Como discutimos anteriormente, um intrão pode elevar os níveis de ARNm através da ação de um elemento potenciador da transcrição ou de um promotor alternativo que se localiza no intrão. Os intrões (primeiro) do gene eEF-ip *de Arabidopsis*, gene *ACT1*, aumentam a expressão (Gidekel *et al.*, 1996; Vitale *et al.*, 2003). Um segundo intrão bem caracterizado do gene *Arabidopsis agamous* (AG) que contém um potenciador pode funcionar em ambas as orientações para induzir a expressão de um repórter a partir de um promotor mínimo (Deyholos e Sieburth, 2000) e de um tecido específico (Sieburth e Meyerowitz, 1997).

Um intrão pode ser substituído por um promotor alternativo. Existem alguns relatos em que poucos intrões são capazes de conduzir, pelo menos, a uma fraca expressão de um gene sem promotor, nomeadamente o primeiro intrão dos genes Ostub 16 e Os CDPK2 do arroz (Morello *et al.*, 2002, 2006), os intrões dos genes PpActl e PpAct 5 no musgo *Physcomitrella patens* (Weise *et al.*, 2006); e o primeiro intrão do gene FAD2 do sésamo testado em *Arabidopsis* (Kim *et al.*, 2006) **(Figura-9.2 e)**.

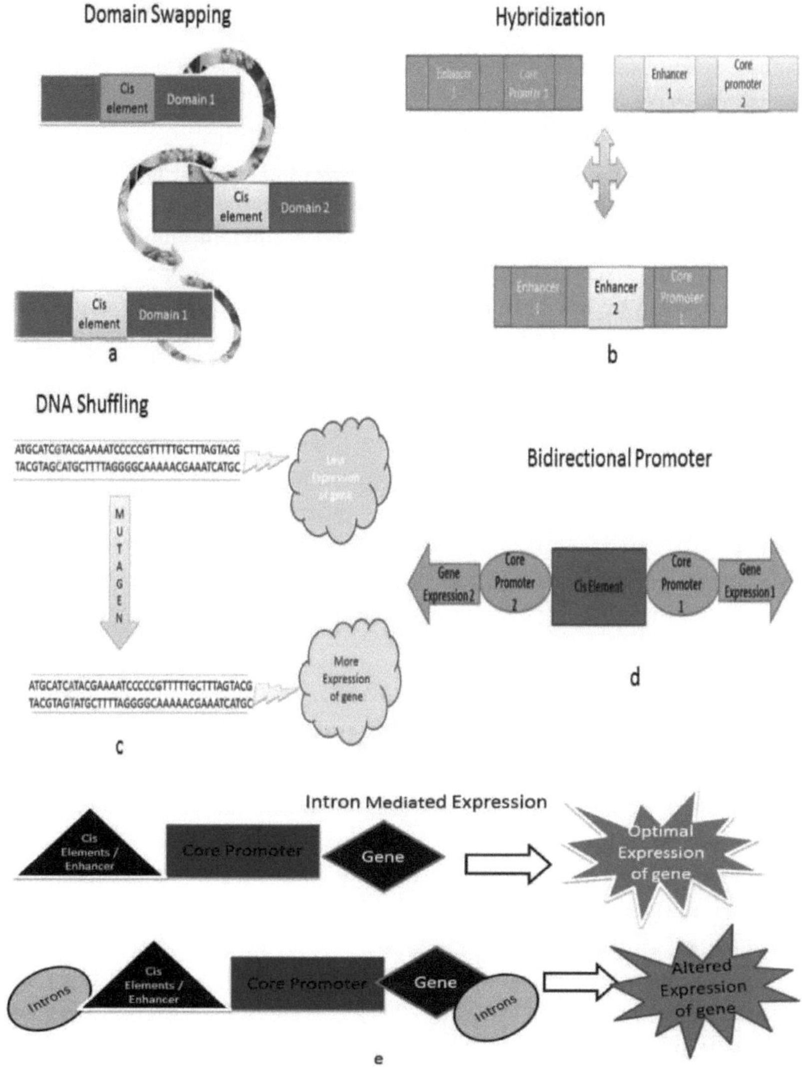

Figura-9.2: Representação diagramática de várias abordagens para redesenhar as arquitecturas dos promotores

CAPÍTULO 10:
Abordagem bioinformática

Atualmente, a sequência de ADN de vários eucariotas superiores está disponível, e novas abordagens (software) de deteção de promotores utilizam o padrão de expressão de milhares de genes numa variedade de condições existentes nas bases de dados públicas. Isto proporciona uma oportunidade para identificar e analisar o promotor putativo de um genoma (Ohler e Niemann, 2001). A previsão computacional de promotores *eucarióticos* a partir da sequência de nucleótidos é um dos métodos mais atractivos na análise de sequências atualmente, mas é também muito difícil (Barrera *et al.,* 2008). Embora seja concebível que alguns destes promotores previstos correspondam a locais de iniciação crípticos que são utilizados *in vivo,* é provável que a maioria sejam artefactos, o que sugere que é importante reconsiderar cuidadosamente os dados biológicos que constituem a base dos algoritmos actuais. Isto pode ter em conta 1. Representação de modelos de motivos de ADN para descobrir motivos de factores de transcrição desconhecidos 2. Transcrição basal e promotores nucleares, 3. transcrição activada e sítios de ligação dos factores de transcrição, 4. ilhas CpG e metilação do ADN, 5. programas de descoberta de motivos ou impressão filogenética, 6. estrutura cromossómica e modificação dos nucleossomas 7. Descoberta de motivos através da análise de um grupo de sequências de genes co-regulados que partilham um motivo regulador comum e 8. Domínios cromossómicos e limites de domínios (Pedersen *et al.,* 1999).

Representação de modelos de motivos de ADN para descobrir o motivo de um fator de transcrição desconhecido:

A sequência codificadora desempenha um papel direto no funcionamento do gene, enquanto a região reguladora tem um papel indireto e essencial. O desenvolvimento de software eficiente para a previsão destas sequências reguladoras continua a ser um desafio. Para a descoberta de motivos de factores de transcrição desconhecidos, estão disponíveis vários modelos que incluem 1. Correspondência de padrões, que inclui a representação de cadeias de caracteres (Buhler e Tompa, 2002) e a representação matricial (Bailey e Elkan, 1994) 2. Representação com dependência de nucleótidos (**Figura 10.1 e 10.2).**

Representação de cordas:

Esta base de dados utiliza uma cadeia de símbolos ou nucleótidos que inclui a purina e a pirimidina, ou seja, A G e C T. Os códigos de ácidos nucleicos da União

Internacional de Química Pura e Aplicada (IUPAC) (Nain *et al.,)* são utilizados para decifrar a informação sobre a degenerescência, como W = A ou T (emparelhamento de bases "fraco"); S = C ou G (emparelhamento de bases "forte"); R = A ou G (purina); Y= C ou T (pirimidina); K= G ou T (grupo ceto na base); M= A ou C (grupo amino na base); B= C, G ou T; D= A, G ou T; H= A, C ou T; V= A, C ou G; N= A, C, G ou T.

Representação matricial:

As matrizes de pesos por posição (PWM) ou matrizes de pontuação específicas por posição (PSSM) de tamanho 4x l são utilizadas para a representação de motivos de comprimento 1. A probabilidade de ocorrência de cada nucleótido na posição j pode ser prevista utilizando estas matrizes. A pontuação pode ser efectuada para qualquer sequência específica em todo o genoma, em que a pontuação representa a soma das pontuações das posições da matriz de pesos correspondente a essa sequência. Se qualquer sequência que represente uma pontuação superior ao limite pré-determinado possuir um novo sítio de ligação. A pontuação PWM representa a soma da pontuação específica da posição para cada símbolo na substring. A pontuação PWM é definida por uma fórmula como $\Sigma^{N}_{j\text{-}1} m_{sj,j}$ em que *j* representa a posição na substring, *sj* é o símbolo na posição *j* na substring e *maj* é a pontuação na linha a, coluna *j* da matriz. O modelo PWM é questionado pela sua exatidão, mas é o método mais popular para prever sítios de ligação (Nain *et al).*

Representação com dependência de nucleótidos:

O padrão específico de posição pontuada (SPSP) é utilizado para descrever a interdependência entre nucleótidos adjacentes que partilham os mesmos parâmetros descritos nas representações de cadeia e matriz. Para descrever o conjunto de padrões de sítios de ligação de comprimento -1, o SPSP contém c (c $\leq$ 1) conjuntos de padrões Pi, 1 $\leq$ i $\leq$ c, em que cada conjunto de padrões Pi contém padrões Pi, j de comprimento li dos símbolos A, C, G e T e $\Sigma_i l_i$ = l. Cada padrão Pi, j de comprimento 1i está associado a uma pontuação si, j que representa a "proximidade" de um padrão para ser um sítio de ligação. Quanto mais baixa for a pontuação, mais provável é que o padrão seja um sítio de ligação (Henry e Fracis, 2006).

Encontrar sítios de ligação de TF numa sequência de ADN:

A base de dados que inclui a informação sobre o sítio de ligação dos factores de transcrição é extremamente útil para a identificação de sítios putativos de ligação de TF em novos promotores e também é adequada para fornecer uma base de dados para melhorar e validar novos algoritmos de previsão de sítios de ligação de TF. Foram desenvolvidos vários programas informáticos para a previsão do local de ligação dos factores de transcrição com base na contagem de palavras (k-mers), na correspondência de padrões (PWM) ou em algoritmos de descoberta de padrões. **A Figura 10.3** apresenta alguns programas informáticos para encontrar sítios de ligação de factores de transcrição.

Impressão filogenética do pé:

Esta abordagem baseia-se na identificação de regiões funcionais através da comparação de sequências genómicas ortólogas entre espécies (Fickett e Wasserman, 2000). Na identificação filogenética de elementos reguladores, uma base forte é fornecida por sequências ortólogas de ADN não codificante de várias espécies. (Rombauts *et al.,* 2003). Os elementos reguladores permanecem conservados e não são muito afectados pela deriva genética ao longo do tempo evolutivo pela seleção natural. A análise baseada na comparação entre sequências de ADN revela um local funcional em virtude da sua conservação num contexto de sequências não funcionais. A pegada filogenética é muito útil na comparação da abordagem multigénica, uma vez que requer dados de genes co-regulados, enquanto a pegada filogenética identifica os reguladores de um único gene que se mantêm conservados ao longo da evolução. Com o avanço da sequenciação completa do genoma das espécies, os estudos comparativos numa grande variedade de genomas estão a tornar-se fáceis (Blanchette e Tompa, 2002; Das e Dai, 2007) **(Figura 10.4).**

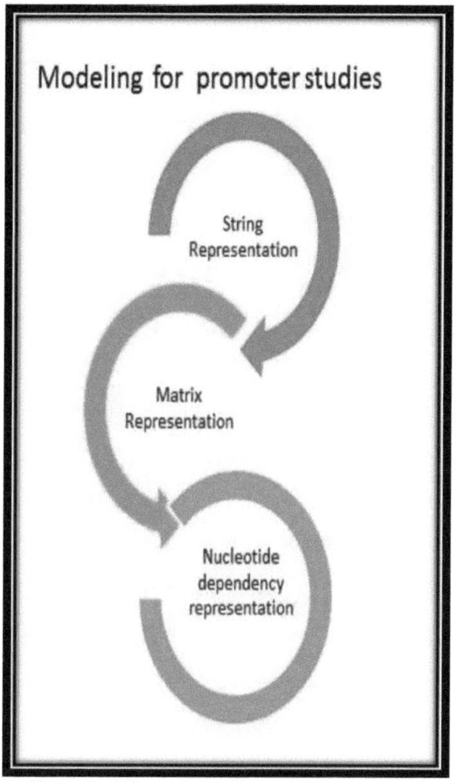

Figura 10.1: Ilustrações diagramáticas do software que serve de modelo para estudos de promotores

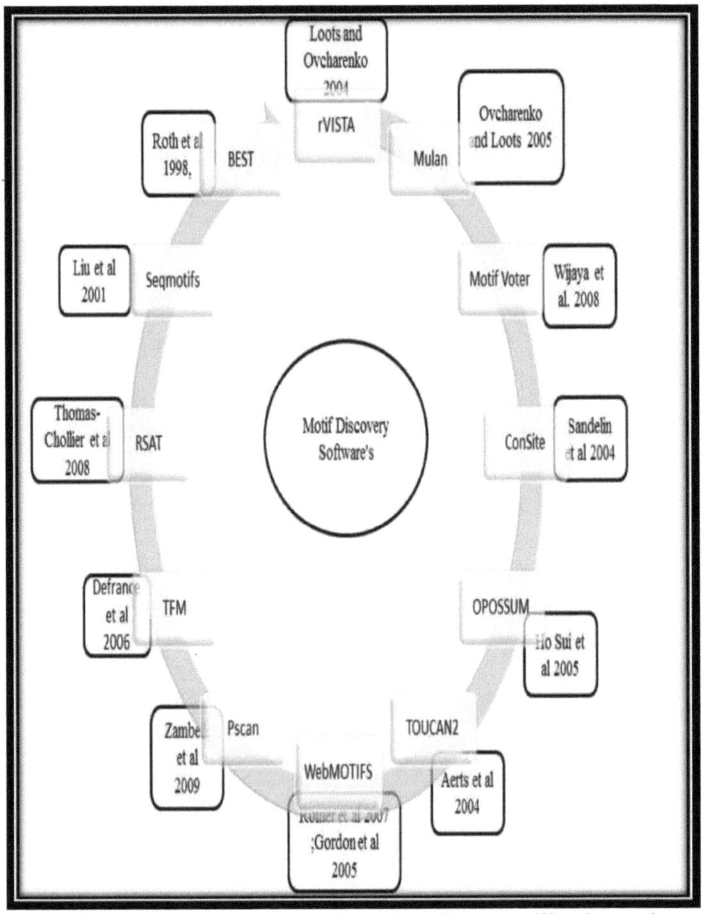

Figura 10.2: Diagrama que descreve a lista de software utilizado na descoberta de motivos reguladores

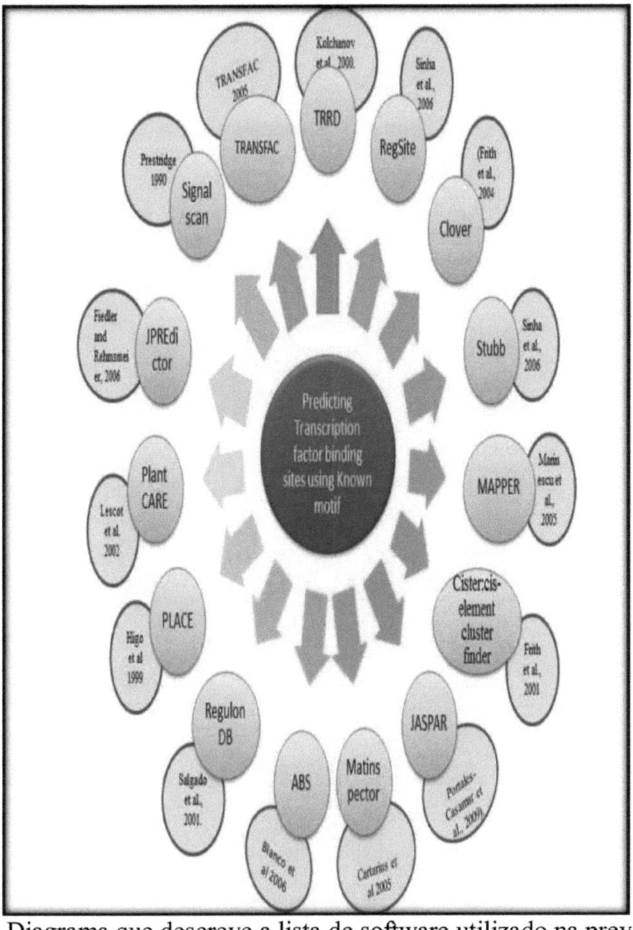

Figura 10.3: Diagrama que descreve a lista de software utilizado na previsão de sítios de ligação de factores de transcrição utilizando motivos conhecidos.

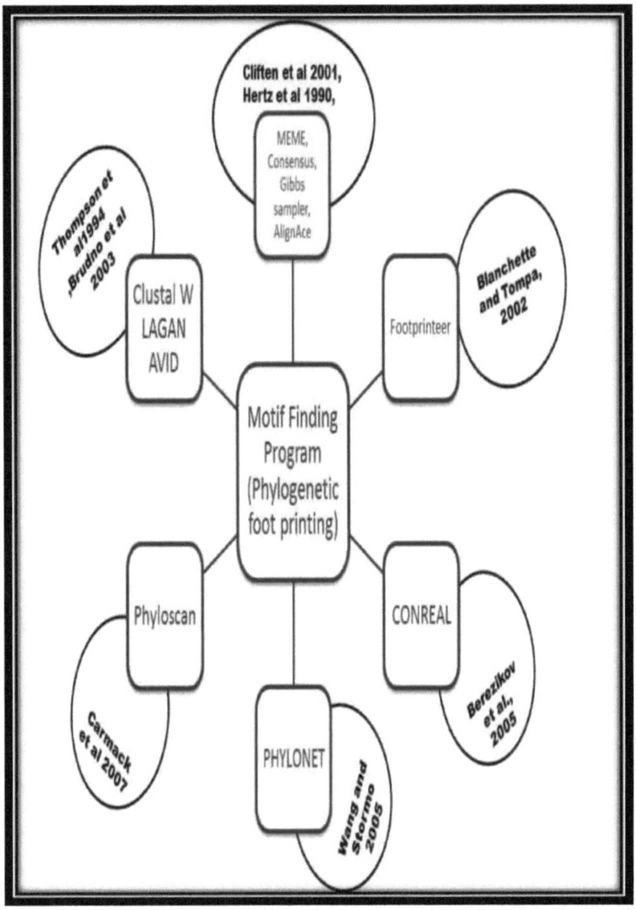

Figura 10.4 Diagrama que descreve a lista Programa de pesquisa de motivos através da impressão a pé filogenética

Referências:

- Abe H, Yamaguchi-Shinozaki K, Urao T, Iwasaki T, Hosokawa D, Shinozaki K (1997) Role of arabidopsis MYC and MYB homologs in drought- and abscisic acid-regulated gene expression. Célula Vegetal 9:1859-1868
- Acharya S, Ranjan R, Pattanaik S, Maiti IB, Dey N (2014) Promotores de plantas quiméricos eficientes derivados de sequências de promotores virais que infectam plantas. Planta 239:381-396
- Adachi N, Lieber MR (2002) Bidirectional gene organization: a common architectural feature of the human genome. Célula 109:807-809
- Aerts S, Van Loo P, Thijs G, Mayer H, de Martin R, Moreau Y, e De Moor B (2004) TOUCAN 2 the all-inclusive open source workbench for regulatory sequence analysis. Nucleic Acids Research 33:393-396
- Ali S, Taylor WC (2001) A região 3' não codificadora de um gene de fotossíntese C4 aumenta a expressão do transgene quando combinada com promotores heterólogos. Biologia molecular das plantas 46: 325-333
- Allen GC, Flores-Vergara MA, Krasynanski S, Kumar S, Thompson WF (2006) Um protocolo modificado para o isolamento rápido de ADN de tecidos vegetais utilizando brometo de cetiltrimetilamónio. Nature protocols 1:2320-2325.
- Alper H, Fischer C, Nevoigt E, Stephanopoulos G, (2005) Tuning genetic control through promoter engineering. Actas da Academia Nacional das Ciências dos Estados Unidos da América 102, 12678-12683.
- Aluru M, Xu Y, Guo R, Wang Z, Li S, White W, Wang K, Rodermel S (2008) Generation of transgenic maize with enhanced provitamin A content. Jornal de botânica experimental 59: 3551-3562
- An YQ, McDowell JM, Huang S, McKinney EC, Chambliss S, Meagher RB (1996) Expressão forte e constitutiva da subclasse de actina ACT2/ACT8 de Arabidopsis em tecidos vegetativos. The Plant journal: for cell and molecular biology 10:107-121
- An G, Watson BD, Stachel S, Gordon MP, Nester EW, (1985). Novos veículos de clonagem para a transformação de plantas superiores. Jornal EMBO 4: 277-284
- Annadana S, Beekwilde MJ, Kuipers G, Visser PB, Outchkourov N, Pereira A, Udayakumar M, De Jong J, Jongsma MA (2002) Clonagem do promotor UEP1 do crisântemo e expressão comparativa em floretes e folhas de Dendranthema grandiflora. Investigação em transgénicos 11:437-445
- Aoyama T, Chua, NH (1997) Um sistema de indução de transcrição mediado por glucocorticóides em plantas transgénicas. The Plant journal: for cell and molecular biology 11:605-612.
- Assaad FF, Signer ER (1990) Cauliflower mosaic virus P35S promoter activity in Escherichia coli. Molecular & general genetics MGG 223:517-520.
- Atkinson RG, Bolitho KM, Wright MA, Iturriagagoitia-Bueno T, Reid SJ, RossGS (1998) Apple ACC-oxidase and polygalacturonase: ripening-specific gene expression and promoter analysis in transgenic tomato. Biologia molecular das plantas 38:449-460
- Aziz MA, Sikriwal D, Singh S, Jarugula S, Kumar PA, Bhatnagar R (2005) Transformação de uma cultura comestível com o gene pag A de Bacillus anthracis. The FASEB Journal 19:15011503
- Bailey MR, Woodard SL, Callaway E, Beifuss K, Magallanes-Lundback, M, Lane JR, Horn ME, Mallubhotla H, Delaney DD, Ward M, Van Gastel F, Howard JA, Hood EE (2004) Improved recovery of active recombinant laccase from maize seed. Applied microbiology and biotechnology 63:390-397
- Bailey TL e Elkan C (1994) Adaptação de um modelo misto através da maximização das expectativas para descobrir motivos em biopolímeros. Proc Int Conf Intell Syst Mol Biol 2:28-36
- Bailey TL, Williams N, Misleh C, and Li WW (2006) MEME: discovering and analyzing DNA and protein sequence motifs. Nucleic Acids Research 34:369- 373
- Bajic VB, Seah SH, Chong A, Zhang G, Koh JL, Brusic V (2002) Dragon Promoter Finder: reconhecimento de promotores da RNA polimerase II de vertebrados. Bioinformática 18:198-199

- Baker SS, Wilhelm KS, Thomashow MF (1994) A região 50 de Arabidopsis thaliana cor15a tem elementos de ação cis que conferem expressão genética regulada pelo frio, pela seca e pelo ABA. Plant Mol Biol 24:701-713
- Ballas N, Broido S, Soreq H, Loyter A (1989) Efficient functioning of plant promoters and poly(A) sites in Xenopus oocytes. Nucleic acids research 17:7891-7903
- Barfield DG, Pua EC (1991) Gene transfer in plants of Brassica juncea using Agrobacterium tumefaciens - mediated transformation. Relatórios sobre células vegetais 10:308-314
- Barrera LO, Li Z, Smith AD, Arden KC, Cavenee WK, Zhang MQ, Green RD, Ren B (2008) Genome-wide mapping and analysis of active promoters in mouse embryonic stem cells and adult organs. Investigação sobre o genoma 18:46-59
- Benfey PN, Chua NH (1990) The Cauliflower Mosaic Virus 35S Promoter Combinatorial Regulation of Transcription in Plants. Ciência 250:959-966
- Benfey PN, Chua, NH (1989) Genes regulados em plantas transgénicas. Ciência 244:174-181
- Benfey PN, Ren L, Chua NH (1990) Combinatorial and synergistic properties of CaMV 35S enhancer subdomains. Jornal EMBO 9:1685-1696
- Benos PV, Bulyk M L, e Stormo GD (2002) Additivity in protein-dna interactions - how good an approximation is it? Nucleic Acids Res 30(20):4442-4451
- Benoit De Muynck, Catherine Navarre e Marc Boutry (2010) "Production of antibodies in plants: status after twenty years" Plant Biotech Journal 8:529-563
- Berberich T, Takagi T, Miyazaki A, Otani M, Shimada T, Kusano T, (2005) Produção de adiponectina de rato, uma proteína antidiabética, em plantas transgénicas de batata-doce. Jornal de fisiologia vegetal 162:1169-1176
- Berezikov E, Guryev V, e Cuppen E (2005) CONREAL web server: identification and visualization of conserved transcription fator binding sites. Nucleic Acids Research 33: 447-450
- Berk AJ (1999) Ativação da transcrição da RNA polimerase II. Opinião atual em biologia celular 11:330-335.
- Bestwick RK, Kellogg JA (2000) Promotor sintético de plantas E4/E8 de tomate híbrido. Patente US 6,118,049, 2000
- Beyer P, Al-Babili S, Ye X, Lucca P, Schaub P, Welsch R, Potrykus I (2002) Golden Rice: introducing the beta-carotene biosynthesis pathway into rice endosperm by genetic engineering to defeat vitamin A deficiency. The Journal of nutrition 132:506S-510S
- Bhasin M, Zhang H, Reinherz EL, Reche PA (2005) Prediction of methylated CpGs in DNA sequences using a support vetor machine. FEBS letters 579:4302-4308
- Bhattacharyya S, Dey N, Maiti IB (2002) Analysis of cissequence of subgenomic transcript promoter from the Figwort mosaic virus and comparison of promoter activity with the cauliflower mosaic virus promoters in monocot and dicot cells. Investigação sobre vírus 90:47-62
- Bhattacharyya-Pakrasi M, Peng J, Elmer JS, Laco G, Shen P, Kaniewska MB, Kononowicz H, Wen F, Hodges TK, Beachy RN (1993) Especificidade de um promotor do vírus baciliforme do tungro do arroz para expressão em tecidos do floema. The Plant Journal 4:71-79
- Bhullar S, Chakravarthy S, Advani S, Datta S, Pental D, Burma PK (2003) Estratégias para o desenvolvimento de promotores funcionalmente equivalentes com um mínimo de homologia de sequência para a expressão de transgénios em plantas: cis-elementos num novo contexto de ADN versus troca de domínios. Fisiologia vegetal 132:988-998
- Buhler, J., e Tompa, M. (2002) Finding motifs using random projections. J Comput Biol 9:225-242
- Bhullar S, Datta S, Advani S, Chakravarthy S, Gautam T, Pental D, Burma PK, (2007) Functional analysis

of cauliflower mosaic virus 35S promoter: re-evaluation of the role of subdomains B5, B4 and B2 in promoter activity. Revista de biotecnologia vegetal 5:696-708.

- Binet MN, Weil JH, Tessier LH (1991) Estrutura e expressão dos genes da ubiquitina do girassol. Biologia molecular das plantas 17:395407
- Blanchette M, e Tompa M. (2002) Discovery of Regulatory Elements by a Computational Method for Phylogenetic Foot printing. Investigação sobre o Genoma 12:739-748
- Bongaerts RJ, Hautefort I, Sidebotham JM, Hinton JC (2002) Green fluorescent protein as a marker for conditional gene expression in bacterial cells. Methods in enzymology 358:43-66.
- Bonneville JM, e Hohn T (1993) Uma transcriptase reversa para o vírus do mosaico da couve-flor. O estado da arte, 1991. Em Reverse transcriptase. Cold Spring Harbor Laboratory Press
- Bradford MM (1976) Um método rápido e sensível para a quantificação de quantidades de microgramas de proteínas, utilizando o princípio da ligação proteína-corante. Analytical biochemistry 72:248-254.
- Braithwaite KS, Geijskes RJ, Smith GR (2004) Uma região variável do genoma do vírus baciliforme da cana-de-açúcar (SCBV) pode ser utilizada para gerar promotores para a expressão de transgénios na cana-de-açúcar. Plant Cell Rep 23:319- 326.
- Bray N, Dubchak I, e Pachter L (2003) AVID A Global Alignment Program. Investigação sobre o Genoma 13:97-102
- Brinch-Pedersen, H., Hatzack, F., Stoger, E., Arcalis, E., Pontopidan, K., Holm, P.B (2006) Heat-stable phytases in transgenic wheat (Triticumaestivum L.) deposition pattern thermostability, and phytate hydrolysis. Jornal de química agrícola e alimentar 54: 4624-4632
- Brown PO (1990) Integration of retroviral DNA. Current topics in microbiology and immunology 157:19-48.
- Brudno M, Do CB, Cooper GM, Kim MF, Davydov E, Program NCS, Green ED, Sidow A., e Batzoglou, S. (2003) LAGAN and Multi-LAGAN: Efficient Tools for Large-Scale Multiple Alignment of Genomic DNA. Investigação sobre o Genoma 13:721-731
- Buchner P, Rochat C, Wuilleme S, Boutin JP (2002) Caracterização de um gene de beta-1,3-glucanase específico do tecido e regulado pelo desenvolvimento em ervilha (Pisum sativum). Biologia molecular das plantas 49:171-186
- Bustos MM, Guiltinan MJ, Jordano J, Begum D, Kalkan FA, Hall TC (1989) Regulação da expressão da beta-glucuronidase em plantas de tabaco transgénicas por uma sequência cis-acting rica em A/T encontrada a montante de um gene da beta-faseolina do feijão francês. A célula vegetal 1: 839-853
- Caddick MX, Greenland AJ, Jepson I, Krause KP, Qu N, Riddell KV, Salter MG, Schuch W, Sonnewald U, Tomsett AB (1998) an ethanol inducible gene switch for plants used to manipulate carbon metabolism. Nature biotechnology 16:177-180
- Callis J, Fromm M., Walbot V (1987) Os intrões aumentam a expressão genética em células de cultura de milho. Genes & desenvolvimento 1:1183-1200
- Callis J, Raasch JA, Vierstra RD (1990) Proteínas de extensão de ubiquitina de Arabidopsis thaliana. Estrutura, localização e expressão dos seus promotores em tabaco transgénico. The Journal of biological chemistry 265:12486-12493
- Carmack CS, McCue L, Newtberg L, e Lawrence, C (2007) PhyloScan: identificação de sítios de ligação de factores de transcrição utilizando provas entre espécies. Algoritmos para Biologia Molecular 2, 1
- Carre IA, Kay SA (1995) Multiple DNA-Protein Complexes at a Circadian-Regulated Promoter Element. The Plant cell 7:20392051
- Carsolio C, Campos F, Sanchez F, Rocha-Sosa M (1994) A expressão de um gene quimérico nodulina 30-GUS de Phaseolus vulgaris é restrita às células infectadas por rizóbios em nódulos transgénicos de Lotus corniculatus. Biologia molecular das plantas 26:19952001

- Cartharius K, Frech K, Grote K, Klocke B, Haltmeier M, Klingenhoff A, Frisch M, Bayerlein M, and Werner T (2005) MatInspector and beyond: promoter analysis based on transcription fator binding sites. Bioinformática 21:2933-2942
- Castle LA, Siehl DL, Gorton R, Patten PA, Chen YH, Bertain S, Cho HJ, Duck N, Wong J, Liu D, Lassner MW (2004) Descoberta e evolução dirigida de um gene de tolerância ao glifosato. Ciência 304:1151-1154
- Cazzonelli CI, Velten J (2008) Caracterização in vivo da interação de elementos promotores de plantas utilizando promotores sintéticos. Investigação em transgénicos 17: 437-457
- Chang WC, Lee TY, Huang HD, Huang HY, Pan RL (2008) PlantPAN: Plant promoter analysis navigator, for identifying combinatorial cis-regulatory elements with distance constraint in plant gene groups. BMC genomics 9:561
- Chaturvedi CP, Sawant S V, Kiran K, Mehrotra R, Lodhi N, Ansari S A &Tuli R (2006) Analysis of polarity in the expression from a multifatorial bidirenctional promoter designed for high-level expression of transgenes in plants. J. Biotechnol. 123:1-12
- Chen TL, Lin YL, Lee YL, Yang NS, Chan MT (2004) Expressão de interferão-gama humano bioativo em culturas de suspensão de células de arroz transgénico. Investigação em transgénicos 13:499-510
- Chen ZL, Schuler MA, Beachy RN (1986) Functional analysis of regulatory elements in a plant embryo-specific gene. Actas da Academia Nacional de Ciências dos Estados Unidos da América 83:8560-8564
- Chikwamba R, Cunnick J, Hathaway D, McMurray J, Mason H, Wang K (2002) Um antigénio funcional numa cultura prática: O milho produtor de LT-B protege os ratos contra a enterotoxina termolábil (LT) e a toxina da cólera (CT) de Escherichia coli. Investigação em transgénicos 11:479-493
- Christensen AH, Sharrock RA, Quail PH (1992) Maize polyubiquitin genes: structure, thermal perturbation of expression and transcript splicing, and promoter activity following transfer to protoplasts by electroporation. Biologia molecular das plantas 18:675-689
- Christensen AH, Quail PH (1996) Vectores baseados em promotores de ubiquitina para expressão de alto nível de genes marcadores selecionáveis e/ou rastreáveis em plantas monocotiledóneas. Investigação em transgénicos 5:213-218
- Clancy M, Vasil V, Curtis Hannah L, Vasil IK (1994) As regiões do intrão e do exão do Shrunken-1 do milho aumentam a expressão genética em protoplastos de milho. Ciência das Plantas 98:151-161
- Cliften PF, Hillier LW, Fulton L, Graves T, Miner T, Gish, WR, Waterston RH, e Johnston M (2001) Surveying Saccharomyces Genomes to Identify Functional Elements by Comparative DNA Sequence Analysis. Investigação sobre o Genoma 11:1175-1186
- Coffin, J.M., Hughes, S.H., Varmus, H.E.,1997. As Interações dos Retrovírus e dos seus Hospedeiros, em: Coffin, J.M., Hughes, S.H., Varmus, H.E. (Eds.), Retroviruses, Cold Spring Harbor (NY)
- Comai L, Moran P, Maslyar D (1990) Propriedades novas e úteis de um promotor vegetal quimérico que combina elementos 35S e MAS do CaMV. Biologia molecular das plantas 15:373-381
- Corona V, Aracri B, Kosturkova G, Bartley GE, Pitto L, Giorgetti L, Scolnik PA, Giuliano G (1996) Regulationof a Carotenoid biosynthesis genepromoter duringplant development. The Plant journal for cell and molecular biology 9:505-512
- Covey SN e Hull R 1992. Genetic engineering with doublestranded DNA viruses (Engenharia genética com vírus de ADN de cadeia dupla). CRC Press, Boca Ratonl, Fla.
- Cramer, C.L. e Weissenborn, D.L. , 1997. Sistema de expressão do promotor HMG2 e produção pós-colheita de produtos genéticos em plantas e culturas de células vegetais.
- Cramer WA, Soriano GM, Ponomarev M, Huang D, Zhang H, Martinez SE, Smith JL, (1996).Alguns novos aspectos estruturais e velhas controvérsias sobre o complexo do citocromo b6f da fotossíntese oxigenada. Revisão anual de fisiologia vegetal e biologia molecular vegetal 47:477-508.
- Cruz FCS & Koganezawa H (1991). Presença do vírus baciliforme do tungro do arroz (RTBV) nas células

do xilema do arroz infetado com tungro. Int Rice Res Newsl 16, 14

- Cusi MG, Cioe L, e Rovera G (1992) Amplificação por PCR de modelos ricos em GC contendo sequências palindrómicas utilizando a desnaturação alcalina inicial.BioTechniques **12**:502-504
- Dai Z, Hooker BS, Anderson DB, Thomas SR (2000) Expressão de Acido thermos cellulolytic usendo glucanase E1 em tabaco transgénico - caraterísticas bioquímicas e efeitos fisiológicos. Investigação em transgénicos 9:43-54
- Dai S, Zhang Z, Chen S & Beachy RN (2004) RF2b, um ativador da transcrição bZIP do arroz, interage com RF2a e está envolvido no desenvolvimento de sintomas da doença do tungro do arroz. Proc Natl Acad Sci USA 101:687-692
- Daniell H, Lee SB, Panchal T, Wiebe PO (2001) Expressão do gene nativo da subunidade B da toxina da cólera e montagem como oligómeros funcionais em cloroplastos transgénicos de tabaco. Jornal de biologia molecular 311:1001-1009
- Das M, Dai HK (2007) A survey of DNA motif finding algorithms. BMC Bioinformatics 8, S21.
- Datla R, Anderson JW, Selvaraj G (1997) Plant promoters for transgene expression, em: El-Gewely, M.R. (Ed.), Biotechnology Annual Review Elsevier 269-296
- Daubert S, Richins R, Shepherd RJ, Gardner RC (1982) Mapping of the coat protein gene of cauliflower mosaic virus by its expression in a prokaryotic system. Virologia 122: 444-449
- Daubert S, Shepherd RJ, Gardner RC (1983) Insertional mutagenesis of the cauliflower mosaic virus genome (Mutagénese de inserção do genoma do vírus do mosaico da couve-flor). Gene 25:201-208
- De Veylder L, Van Montagu M, Inze D (1997) Herbicide safener-inducible gene expression in Arabidopsis thaliana. Fisiologia vegetal e celular 38:568-577
- Dean C, Favreau M, Bond-Nutter D, Bedbrook J, Dunsmuir P (1989). Sequências a jusante do início da tradução regulam a expressão quantitativa de dois genes rbcS de petúnia. A célula vegetal 1:201-208
- DeBoer GJ, Testerink C, Pielage G, Nijkamp HJ, Stuitje AR (1999) Sequências que rodeiam o local de iniciação da transcrição do gene da proteína redutase do transportador de enoil-acilo *de Arabidopsis* controlam a expressão das sementes em tabaco transgénico. Biologia molecular das plantas 39:1197-1207
- DeBoer HA, Comstock LJ, Vasser M (1983) The tac promoter: a functional hybrid derived from the trp and lac promoters. Actas da Academia Nacional das Ciências dos Estados Unidos da América 80:21-25
- Deikman J, Fischer RL (1988) Interação de um fator de ligação ao ADN com a região 5'-flanqueadora de um gene de amadurecimento de frutos do tomate que responde ao etileno. The EMBO journal 7:3315-3320
- Deikman J, Kline R, Fischer RL, (1992) Organization of Ripening and Ethylene Regulatory Regions in a Fruit-Specific Promoter from Tomato *(Lycopersiconesculentum)*. Fisiologia Vegetal 100:2013-2017
- DeKochko A, Verdaguer B, Taylor N, Carcamo R, Beachy RN, Fauquet C. (1998) Cassava vein mosaic virus (CsVMV), type species for a new genus of plant double stranded DNA viruses? Arch. Virol. 143:945-962
- Dennis ES, Gerlach WL, Pryor AJ, Bennetzen JL, Inglis A, Llewellyn D, Sachs MM, Ferl, RJ, Peacock WJ (1984). Análise molecular do gene da álcool desidrogenase (Adhl) do milho. Nucleic acids research 12:3983-4000.
- Desai PN, Shrivastava N, Padh H (2010). Produção de proteínas heterólogas em plantas: estratégias para uma expressão óptima. Biotechnology advances 28:427-435.
- DeSouza J, Cuellar WJ (2011). A análise da sequência do gene da replicase do 'sweet potato caulimo-like virus' sugere que este vírus é um membro distinto do género Cavemovirus Arch Virol. ; 156(3):535-7.
- Dey N e Maiti IB (1999) Caracterização adicional e análise da expressão do promotor do transcrito completo do vírus do mosaico do milho mirabilis (MMV) com domínios de reforço simples e duplo em plantas transgénicas. Transgénicos 3:61-70
- Dey N, Maiti IB (1999) Estrutura e análise da deleção do promotor/leitor do promotor do transcrito completo

do vírus do mosaico mirabilis (MMV) em plantas transgénicas. Biologia molecular das plantas 40: 771782

- Dey N e Maiti IB (2003) Deleção do promotor e análise comparativa da expressão do promotor do transcrito subgenómico (Sgt-) do vírus do mosaico do milho mirabilis (MMV) em plantas transgénicas. Transgénicos 4:35-53.
- Deyholos MK, Sieburth LE (2000) Separable whorl-specific expression and negative regulation by enhancer elements within the AGAMOUS second intron. The Plant cell 12:1799-1810.
- Dinant S, Ripoll C, Pieper M, David C (2004) Phloem specific expression driven by wheat dwarf geminivirus V-sense promoter in transgenic dicotyledonous species. Physiologia plantarum 121:108-116
- Donald RG, Cashmore AR (1990) A mutação das sequências da caixa G ou da caixa I afecta profundamente a expressão do promotor rbcS-1A de Arabidopsis. Jornal EMBO 9:1717-1726
- Donath M, Mendel R, Cerff R, Martin W (1995) Introndependent transient expression of the maize GapA1 gene. Biologia molecular das plantas 28:667-676
- Dorsett D (1999) Distant liaisons: long-range enhancer-promoter interactions in Drosophila. Current opinion in genetics & development 9:505-514
- Drake PM, Chargelegue DM, Vine ND, van Dolleweerd, CJ, Obregon P, Ma JK (2003). Rhizosecretion of a monoclonal antibody protein complex from transgenic tobacco roots. Biologia molecular das plantas 52:233-241
- Driesen M, Benito-Moreno RM, Hohn T, Futterer J (1993) Transcription from the CaMV 19 S promoter and autocatalysis of translation from CaMV RNA. Virologia 195:203-210
- Du LLQ, Zhang X, Jiao S, Liu Y, Wang Y (2014) Construção de promotores quiméricos específicos para flores e análise das suas actividades em torénias transgénicas. Plant Mol Biol Rep 32:234-245
- Ducasse DA, Mushegian AR, Shepherd RJ (1995) Gene I mutants of peanut chlorotic streak virus, a caulimovirus, replicate in plants but do not move from cell to cell. Journal of virology 69:5781-5786
- Dugdale B, Becker DK, Harding RM, Dale JL (2001) Intensificação mediada por intrões do promotor DNA-6 do vírus do topo do cacho da bananeira em células embriogénicas e plantas de bananeira (Musa spp.). Relatórios sobre células vegetais 20:220-226
- Dvir A, Conaway JW, Conaway RC (2001). Mechanism of transcription initiation and promoter escape by RNA polymerase II. Current opinion in genetics & development 11: 209-214
- Edelman GM, Meech R, Owens GC, Jones FS (2000) Synthetic promoter elements obtained by nucleotide sequence variation and selection for activity. Actas da Academia Nacional de Ciências dos Estados Unidos da América 97:3038-3043
- Efstratiadis A, Posakony JW, Maniatis T, Lawn RM, O'Connell C, Spritz RA, DeRiel JK, Forget BG, Weissman SM, Slightom JL, Blechl AE, Smithies O, Baralle FE, Shoulders, CC, Proudfoot, NJ (1980). A estrutura e a evolução da família de genes da beta-globina humana. Célula 21:653-668
- Enrique Blanco , Dome'necFarre', M Mar Alba, Xavier M and Roderic G' 12006 ABS: a database of Annotated regulatory Binding Sites from orthologous promoters. Nucleic Acids Research 34:63-67
- Escobar C, Aristizeabal F, Navas A, Del Campo F, Fenoll C (2001) Isolamento de proteínas nucleares activas de ligação ao ADN de galhas de tomateiro induzidas por nemátodos das galhas. Plant Molecular Biology Reporter 19:375-376
- Evangelista R, Nikolov Z, Wooge C, Mehigh RJ, Hernan R, Kappel WK, Ritland D, Ping Li C, Howard JA (1997) Produção comercial de avidina a partir de milho transgénico: caraterização do transformante, produção, processamento, extração e purificação. Molecular Breeding 3:291-306
- Faktor O, Kooter JM, Dixon RA, Lamb, CJ (1996) A dissecção funcional de um promotor do gene da chalcona sintase do feijão em plantas de tabaco transgénicas revela motivos de sequência essenciais para a expressão floral. Biologia molecular das plantas 32:849-859
- Fang RX, Nagy F, Sivasubramaniam, S, Chua, N.H (1989) Elementos reguladores cis múltiplos para a

expressão máxima do promotor 35S do vírus do mosaico da couve-flor em plantas transgénicas. A célula vegetal 1:141-150

- Farinas CS, Leite, A, Miranda, EA (2005) Extração aquosa de proinsulina humana recombinante a partir de endosperma de milho transgénico. Progresso da Biotecnologia 21:1466-1471
- Featherstone M (2002) Coactivators in transcription initiation: here are your orders. Current opinion in genetics & development 12:149-155.
- Fessele S, Maier H, Zischek C, Nelson PJ, Werner T (2002) Regulatory context is a crucial part of gene function. Tendências em genética: TIG 18:60-63
- Ficker M, Wemmer T, Thompson RD (1997) Um promotor que dirige a expressão de alto nível em pistilos de plantas transgénicas Biologia molecular das plantas 35:425-431
- Fickett JW, Wasserman WW. Descoberta e modelação de regiões reguladoras da transcrição. Opinião atual em Biotecnologia 2002:11, 19-24
- Filichkin SA, Leonard JM, Monteros A, Liu PP, Nonogaki H, (2004) A novel endo-beta-mannanase gene in tomato LeMAN5 is associated with anther and pollen development. Plant physiology 134:1080-1087.
- Flavell RB, (1994) Inativação da expressão genética nas plantas como consequência da duplicação de sequências específicas Proceedings of the National Academy of Sciences of the United States of America 91:3490-3496
- Fluhr R, Moses P, Morelli G, Coruzzi G, Chua NH, 1986 Expression dynamics of the pea rbcSmultigene family and organ distribution of the transcripts. The EMBO journal 5:2063-2071
- Fobert PR, Miki BL, e Iyer VN (1991). Deteção de sinais reguladores de genes em plantas revelados por fusões mediadas por TDNA. Plant Mol. Biol. 17:837-851
- Fraser PD, Romer S, Shipton CA, Mills PB, Kiano JW, Misawa N, Drake RG, Schuch W, Bramley PM. (2002) Evaluation of transgenic tomato plants expressing an additional phytoene synthase in a fruit-specific manner. Proceedings of the National Academy of Sciences of the United States of America 99:10921097
- Frey PM, Scharer-Hemandez NG, Futterer J, Potrykus I, Puonti-Kaerlas J (2001) Análise simultânea da atividade do promotor bidirecional do vírus do mosaico da mandioca africana utilizando dois genes de luciferase diferentes. Genes de vírus 22:231-242
- Frith MC, Fu, Y, Yu L, Chen JF, Hansen U, e Weng Z (2004) Deteção de motivos funcionais de ADN através de representação estatística de sobreposição. Nucleic Acids Research 32:1372-1381
- Frith MC, Hansen U, e Weng Z (2001) Deteção de grupos de elementos cis em ADN de eucariotas superiores. Bioinformática 17:878-889
- Fruhling M, Schroder G, Hohnjec N, Puhler A, Perlick AM, Kuster H (2000) O promotor do gene VfEnod12 de Viciafaba L. que codifica uma nodulina precoce está ativo em células corticais e primórdios de nódulos de raízes peludas transgénicas de Viciahirsuta, bem como na zona de prefixação II de nódulos radiculares transgénicos maduros de V. hirsuta. Ciência vegetal: uma revista internacional de biologia vegetal experimental 160:67-75
- Fukuoka H, Ogawa T, Mitsuhara I, Iwai T, Isuzugawa K, Nishizawa Y, Gotoh Y, Nishizawa Y, Tagiri M, Ugaki M, Ohshima M, Yano H, Murai N, Niwa Y, Hibi T, Ohashi Y (200) Agrobacterium-mediated transformation of monocot and dicot plants using the NCR promoter derived from soybean chlorotic mottle virus. Relatórios sobre células vegetais 19:815-820
- Ganem D, Varmus HE (1987) The molecular biology of the hepatitis B viruses. Revisão anual de bioquímica 56:651-693
- Ganguly M, Roychoudhury A, Sarkar SN, Sengupta DN, Datta SK & Datta K (2011) Indutibilidade de três promotores regulados pela salinidade/ácido abscísico em arroz transgénico com o gene repórter gusA. Relatório sobre células vegetais 30:16177-1625

- Garbarino JE, Belknap WR (1994) Isolamento de um gene da proteína ribossomal ubiquitina (ubi3) da batata e expressão do seu promotor em plantas transgénicas. Biologia molecular das plantas 24:119127
- Gardner RC, Howarth AJ, Hahn P, Brown-Luedi M, Shepherd RJ, Messing J (1981) A sequência completa de nucleótidos de um clone infecioso do vírus do mosaico da couve-flor por sequenciação shotgun M13mp7. Nucleic acids research 9:2871-2888.
- Gatz C, Frohberg C & Wendenburg R (1992) Stringent repression and homogeneous de-repression by tetracycline of a modified CaMV 35S promoter in intact transgenic tobacco plants. Plant J. 2:397-404
- Genschik P, Marbach J, Uze M, Feuerman M, Plesse B, Fleck J (1994) Structure and promoter activity of a stress and developmentally regulated polyubiquitin-encoding gene of Nicotiana tobaccum. Gene 148:195-202
- Ghosh, D (2000) Base de dados de factores de transcrição orientada para objectos (TFD). Nucleic acids research 28:308-310
- Gidekel M, Jimenez B, Herrera-Estrella L (1996) O primeiro intrão do gene de Arabidopsis thaliana que codifica o fator de alongamento 1 beta contém um elemento do tipo potenciador. Gene 170:201206
- Gidoni D, Bond-Nutter D, Brosio P, Jones J, Bedbrook J, Dunsmuir P (1988) Coordinated expression between two photosynthetic petunia genes in transgenic plants. Genética Molecular e Geral 211:507-514
- Gidoni D, Brosio P, Bond-Nutter D, Bedbrook J, Dunsmuir P (1989) Novel cis-acting elements in Petunia Cab gene promoters. Molecular & general genetics 215:337-344
- Gilmartin PM, Chua NH, (1990) O espaçamento entre os locais de ligação do GT-1 num elemento responsivo à luz é crítico para a atividade transcricional. A célula vegetal 2:447-455
- Harpera G, Poggelerb KR, Thomas Hohnb, Roger Hulla (2003) Deteção do petunia veinclearing virus: modelo para a deteção de vírus de ADN em plantas com sequências homólogas de pararetrovírus endógenos. Journal of Virological Methods 107:177-184
- Golovkin M, Spitsin S, Andrianov V, Smirnov Y, Xiao Y, Pogrebnyak N, Markley K, Brodzik, R., Gleba Y, Isaacs SN, Koprowski H (2007) Smallpox subunit vaccine produced in Planta confers protection in mice. Actas da Academia Nacional de Ciências dos Estados Unidos da América 104:68646869
- Gong H, Hu WW, Jiao Y, Pua EC (2005) Caracterização molecular de um gene da glutationa S-transferase de mostarda (Brassica juncea) de classe Phi em Arabidopsis thaliana através da análise da deleção de 5'do seu promotor. Relatórios de células vegetais 24:439-447
- Gordon DB, Nekludova L, McCallum S, e Fraenkel E (2005) TAMO: uma estrutura flexível e orientada para objectos para analisar a regulação transcricional utilizando motivos de sequência de ADN. Bioinformática 21:3164-3165
- Gossler A, Joyner AL, Rossant J, e Skarnes WC (1989) Mouse embryonic stem cellsand reporter constructs to detect developmentally regulated genes. Ciência 244:463-465
- Gowda, S, Wu, FC, Scholthof, H.B, Shepherd R.J (1989) Gene VI do vírus do mosaico da figueira (grupo dos caulimovírus) funciona na expressão pós-transcricional de genes no transcrito de ARN completo. Actas da Academia Nacional das Ciências dos Estados Unidos da América 86:9203-9207
- Gowda S, Scholthof HB, Wu FC, Shepherd RJ (1991). Requisito do gene VII em cis para a expressão de genes a jusante no transcrito principal do vírus do mosaico da figueira. Virologia 185: 867-871
- Grabe N (2002). AliBaba2: identificação específica do contexto de sítios de ligação de factores de transcrição. Biologia in silico 2: S1-15.
- Gross CA e Lonetteo M (1992) Bacterial sigma factors. Cold Spring Harbor Laboratory Press.
- Guarente L, Yocum RR, Gifford P (1982) Um promotor de levedura híbrido GAL10-CYC1 identifica a região reguladora GAL4 como um sítio a montante. Actas da Academia Nacional das Ciências dos Estados Unidos da América 79:7410-7414.
- Guo H, Chen X, Zhang H, Fang R, Yuan Z, Zhang Z, Tian Y (2004) Caracterização e aumento da atividade

do promotor do gene PP2 da abóbora específico do floema. Trans Res 13:559-566

- Gurr S, Rushton PJ (2005) Engenharia de plantas com maior resistência a doenças: como é que a vamos exprimir? Tendências em biotecnologia 23:283-290
- Haley A, Zhan X, Richardson K, Head K, Morris B (1992) Regulação das actividades dos promotores do vírus do mosaico da mandioca africana pelos produtos dos genes AC1, AC2 e AC3. Virologia 188:905-909
- Hartwell LHH, Goldberg L, Reynolds ML, Silver LM e Veres RC 2000. Genetics: from gene to genome 1ed.
- Hasegawa A, Verver J, Shimada A, Saito M, Goldbach R, Van Kammen A, Miki K, Kameya-Iwaki M, Hibi T (1989) A sequência completa do ADN do vírus da mancha clorótica da soja e a identificação de um novo promotor. Nucleic acids research 17:9993-10013
- He DM, Qian KX, Shen GF, Li YN, Zhang ZF, Su ZL, Shao HB (2007). Expressão estável da proteína VP1 do vírus da febre aftosa fundida com a subunidade B da toxina da cólera na batata (Solanum tuberosum). Colloids and surfaces. B, Biointerfaces 55:159-163.
- Heise A, Lippok B, Kirsch C, Hahlbrock K (2002) Dois membros da família do gene AtCMPG de resposta imediata e precoce a agentes patogénicos em Arabidopsis thaliana e o elemento de resposta a elicitores contendo a caixa W do AtCMPG1. Proc Natl Acad Sci USA 99:9049-9054
- Henry CML, e Fracis, Y.L.C. (2006) Discovering DNA Motifs with Nucleotide Dependency Y.L.C. Francis, ed, pp. 7080
- Herley CB e Reynold RP (1987). Análise do promotor de E. coli. Nucleic Acid Res 15:2343-2361
- Hermann SH, Harding RH, Dale JD (2001) O promotor da actina 1 da bananeira conduz a uma expressão transgénica quase constitutiva em tecidos vegetativos da bananeira. Plant cell reports 20:525-530
- Hernan R, Kappel WK, Ritland D, Ping Li C, Howard JA, (1997) Produção comercial de avidina a partir de milho transgénico: caraterização do transformante, produção, processamento, extração e purificação. Molecular Breeding 3:291-306
- Hernandez-Garcia CM, Martinelli AP, Bouchard RA, Finer JJ (2009) Um promotor de polubiquitina de soja (Glycine max) dá uma forte expressão constitutiva em soja transgénica. Relatórios sobre células vegetais 28:837-849
- Hertz GZ, Hartzell GW, e Stormo GD (1990).Identificação de padrões de consenso em sequências de ADN não alinhadas conhecidas por estarem funcionalmente relacionadas. Comput Appl Biosci 6:81-92
- Heslop-Harrison JS (2000). Comparative genome organization in plants: from sequence and markers to chromatin and chromosomes. The Plant cell 12:617-636.
- Hibbert EG, Baganz F, Hailes HC, Ward JM, Lye GJ, Woodley JM, Dalby PA (2005) Direted evolution of biocatalytic processes. Engenharia bimolecular 22:11-19
- Higo K, Ugawa Y, Iwamoto M, Korenaga T (1999) Plant cisacting regulatory DNA elements (PLACE) database. Nucleic acids research 27: 297-300
- Ho Sui SJ, Mortimer JR, Arenillas DJ, Brumm J, Walsh, CJ, Kennedy, BP, e Wasserman, WW (2005) Opossum: identification of over-represented transcription fator binding sites in co-expressed genes. Nucleic Acids Research 33:31543164
- Hong JK, Hwang, B.K., 2006. Ativação do promotor do gene da quitinase básica de classe II da pimenta, CAChi2, e aumento da resistência a doenças bacterianas e da tolerância ao stress osmótico na Arabidopsis com sobre-expressão de CAChi2. Planta 223:433-448.
- Hood EE, Witcher DR, Maddock S, Meyer T, Baszczynski C, Bailey M, Flynn P, Register J, Marshall L, Bond D, Kulisek E, Kusnadi A, Evangelista R, Nikolov Z, Wooge C, Mehigh R.J,
- Hood EE, Bailey, MR, Beifuss, K., Magallanes-Lundback, M., Horn, M.E., Callaway, E., Drees, C., Delaney, D.E., Clough, R., Howard, J.A., 2003. Critérios para a expressão de alto nível de um gene de lacase fúngica em milho transgénico. Revista de biotecnologia vegetal 1:129-140

- Huang SH, Hu YY, Wu CH, e Holcenberg J (1990) Um método simples para a clonagem direta da sequência de cDNA que flanqueia uma região de sequência conhecida a partir de ARN total, aplicando a reação em cadeia da polimerase inversa.Nucleic Acids Res.
- Hou L, Chen L, Wang J, Xu D, Dai L, Zhang H & Zhao Y (2012) Construção de promotores sintéticos sensíveis ao stress e análise da sua atividade em *Arabidopsis thaliana* transgénica. Plant Mol. Biol. Rep 30:1496-1506
- Huang Z, Dry I, Webster D, Strugnell R, Wesselingh S (2001) A proteína hemaglutinina do vírus do sarampo derivada de plantas induz anticorpos neutralizantes em ratinhos. Vacina 19:2163-2171
- Huang Y, Kowalski D (2003) WEB-THERMODYN: Sequence analysis software for profiling DNA helical stability. Nucleic acids research 313819-3821.
- Huang Z, Santi L, LePore, K, Kilbourne, J, Arntzen, CJ, Mason HS (2006) Produção rápida e de alto nível do antigénio central da hepatite B em folhas de plantas e sua imunogenicidade em ratos. Vaccine 24: 2506-2513.
- Hull AK, Criscuolo CJ, Mett V, Groen H, Steeman W, Westra H, Chapman G, Legutki B, Baillie L, Yusibov V (2005) Anticorpo monoclonal derivado do homem e produzido em plantas para o tratamento do carbúnculo. Vacina 23:2082-2086
- Hull R (1999) Classification of reverse transcribing elements: a discussion document. Archives of virology 144:209-213; discussão 213-204.
- Hull R (2001) Classifying reverse transcribing elements: a proposal and a challenge to the ICTV. Comité Internacional para a Taxonomia dos Vírus. Archives of virology 146:2255-2261.
- Hull R, Covey SN (1995) Retro elements: propagation and adaptation. Virus genes 11:105-118.
- Hull R, Sadler J, Longstaff M, (1986) The sequence of carnation etched ring virus DNA: comparison with cauliflower mosaic virus and retroviruses. The EMBO journal 5:3083-3090.
- Hyunjong B, Lee DS, Hwang I (2006) Dupla orientação da xilanase para os cloroplastos e peroxissomas como meio de aumentar a acumulação de proteínas nas células vegetais. Journal of experimental botany 57:161-169.
- Ivan Ovcharenko, Gabriela G, Loots, Belinda M, Giardine Minmei Hou Jian Ma Ross C. Hardison, Lisa Stubbs,2 e Webb Miller (2005) Mulan: Multiple-sequence local alignment and visualization for studying function and evolution Cold Spring Harbor Laboratory Press 15:184-194
- Jacob F, Perrin D, Sanchez C, Monod J (1960) Operon: um grupo de genes cuja expressão é coordenada por um operador]. Comptes rendus hebdomadaires des seances de l'Academie des sciences 250:1727-1729
- Jackson EN e Yanofsy C (1972) O promotor internacional do operão triptofano de *Escherichia coli* está localizado num gene estrutural. Jornal de biologia molecular 69:307-313
- Jani D, Meena LS, Rizwan-ul-Haq QM, Singh Y, Sharma AK, Tyagi AK, (2002).Expressão da subunidade B da toxina da cólera em plantas de tomate transgénicas. Investigação em transgénicos 11:447-454
- Jefferson R, Goldsbrough A, Bevan M, (1990) Transcriptional regulation of a patatin-1 gene in potato. Biologia molecular das plantas 14:995-1006
- Jefferson RA, Kavanagh TA, Bevan MW (1987) GUS fusions: beta-glucuronidase as a sensitive and versatile gene fusion marker in higher plants. The EMBO journal 6:3901-3907.
- Jeon JS, Chung YY, Lee S, Yi GH, Oh BG, An G, (1999) Isolamento e caraterização de um gene específico de antera, RA8, do arroz (Oryza sativa L.). Biologia molecular das plantas 39:35-44
- Jiang C, lu B, Singh J (1996) Exigência de um elemento de cisacção CCGAC para a indução pelo frio do gene BN 115 da Brassica napus de inverno. Plant Mol Biol 30:679-684
- Jiang XL, He ZM, Peng ZQ, Qi Y, Chen Q, Yu SY (2007) A proteína da toxina B da cólera no fruto do tomate transgénico induz uma resposta imunitária sistémica em ratos. Investigação transgénica 16:169175
- Joung YH, Youm JW, Jeon JH, Lee BC, Ryu CJ, Hong HJ, Kim HC, Joung H, Kim HS, (2004) Expressão

dos antigénios S e preS2 de superfície da hepatite B em tubérculos de *Solanum tuberosum*. Relatórios sobre células vegetais 22:925-930

- Jupin I, Chua NH, (1996) Activation of the CaMV as-1 ciselement by salicylic acid: differential DNA-binding of a fator related to TGA1a. The EMBO journal 15:5679-5689.
- Kang TJ, Kang KH, Kim JA, Kwon TH, Jang YS, Yang MS, (2004) Expressão de alto nível do epítopo neutralizante do vírus da diarreia epidémica porcina através de um vetor baseado no vírus do mosaico do tabaco. Expressão e purificação de proteínas 38:129-135
- Kang TJ, Kim BG, Yang JY, Yang MS, (2006) Expressão de uma subunidade B sintética da toxina da cólera no tabaco utilizando o promotor da ubiquitina e o gene bar como marcador selecionável. Biotecnologia molecular 32:93-100
- Kay R, Chan A, Daly M, Mc Pherson J (1987) Duplication of CaMV 35S Promoter Sequences Creates a Strong Enhancer for Plant Genes. Ciência 236:1299-1302
- Keddie JS, Tsiantis M, Piffanelli P, Cella R, Hatzopoulos P, Murphy DJ (1994). Um promotor de Brassica napusoleosin específico para sementes interage com uma proteína específica da caixa G e pode ser bidirecional. Biologia molecular das plantas 24:327-340
- Keenan RJ, Siehl DL, Gorton R, Castle LA, (2005) DNA shuffling as a tool for protein crystallization. Actas da Academia Nacional de Ciências dos Estados Unidos da América 102:8887-8892
- Kim MJ, Kim H, Shin JS, Chung CH, Ohlrogge JB, Suh MC (2006) A expressão específica de sementes da dessaturase do ácido oleico microssomal do sésamo é controlada por propriedades combinatórias entre elementos cis-reguladores negativos no promotor SeFAD2 e potenciadores no intrão 5'-UTR. Molecular genetics and genomics 276:351-368.
- Kim A, Terzian C, Santamaria P, Pelisson A, Purd'homme N, Bucheton A (1994) Retroviruses in invertebrates: the gypsy retrotransposon is apparently an infectious retrovirus of Drosophila melanogaster. Actas da Academia Nacional das Ciências dos Estados Unidos da América 91, 1285-1289.
- Kluth A, Sprunck S, Becker D, Lorz H, Lutticke S (2002) A deleção de 5' de uma região promotora de gbss1 do trigo leva a mudanças nas especificidades de tecido e desenvolvimento. Biologia molecular das plantas 49:669-682
- Knudsen S, (1999) Promoter2.0: para o reconhecimento de sequências promotoras Pol-II. Bioinformática 15:356-361
- Knudsen S, Promoter 1.0: um novo algoritmo para o reconhecimento de sequências promotoras de pol-II submetidas
- Kodama S, Okada K, Inui H, Ohkawa H (2007) Sistemas de expressão de genes repórteres mediados pelo recetor de hidrocarbonetos de arilo (AhR) em plantas de tabaco transgénicas. Planta 227:37-45
- Kok-Jacon GA, Vincken JP, Suurs LC, Visser RG, (2005).Mutano produzido em amiloplastos de batata adere a grânulos de amido. Revista de biotecnologia vegetal 3:341-351
- Kolchanov NA, Podkolodnaya OA, Ananko EA, Ignatieva EV, Stepanenko IL, Kel-Margoulis OV, Kel AE, Merkulova TI, Goryachkovskaya TN, Busygina TV, Kolpakov FA, Podkolodny NL, Naumochkin AN, Korostishevskaya IM, Romashchenko AG, Overton GC (2000) Transcription regulatory regions database (TRRD): its status in 2000. Nucleic acids research 28:298-301.
- Kolpakov FA, Podkolodny NL, Naumochkin AN, Korostishevskaya IM, Romashchenko AG, Overton GC (2000) Transcription regulatory regions database (TRRD): its status in 2000. Nucleic acids research 28:298-301
- Koltunow AM, Truettner J, Cox KH, Wallroth M, Goldberg RB (1990) Different Temporal and Spatial Gene Expression Patterns Occurs during Anther Development. The Plant cell 2:1201-1224
- Komarnytsky S, Borisjuk N(2003) Functional analysis of promoter elements in plants (Análise funcional de elementos promotores em plantas). Engenharia genética 25:113-141.

- Kondrakhin, YV, Kel AE, Kolchanov NA, Romashchenko AG, Milanesi L (1995) Eukaryotic promoter recognition by binding sites for transcription factors. Aplicações informáticas nas biociências: CABIOS 11:477-488
- Konishi M, Yanagisawa S (2010) A identificação de um cis-elemento responsivo ao nitrato no promotor NIR1 de Arabidopsis define a presença de múltiplos elementos cis-reguladores para a resposta ao azoto. Plant J Cell Mol Biol 63:269-282
- Kooter JM, Matzke MA, Meyer P (1999) listening to the silent genes: transgene silencing, gene regulation and pathogen control. Tendências na ciência das plantas 4:340-347
- Koul B, Yadav R, Sanyal I, Sawant S, Sharma V & Amla D V (2012) Os motivos de ação Cis na cassete de expressão sintetizada artificialmente conduzem a uma maior expressão do transgene no tomate *(Solanum lycopersicum L.).* Fisiologia Vegetal Bioquímica. 61:131-141
- Koya V, Moayeri M, Leppla SH, Daniell H (2005). Vacina à base de plantas: os ratos imunizados com antigénio protetor do carbúnculo derivado de cloroplastos sobrevivem ao desafio da toxina letal do carbúnculo. Infeção e imunidade 73:8266-8274
- Koziel, MG, Carozzi NB, Desai N, (1996) Optimizing expression of transgenes with an emphasis on post-transcriptional events Plant molecular biology 32: 393-405
- Krebbers E, Seurinck J, Herdies L, Cashmore AR, Timko MP (1988). Quatro genes em duas subfamílias divergentes codificam os polipéptidos da subunidade pequena da ribulose-1,5-bisfosfato carboxilase de Arabidopsis thaliana Biologia molecular das plantas 11:745-759
- Krom N, Ramakrishna W (2008) Análise comparativa de pares de genes divergentes e convergentes e seus padrões de expressão em arroz, Arabidopsis e populus. Fisiologia vegetal 147:1763-1773
- Kuhlemeir C, Cuozzo M, Green PJ, Goyvaerts E, Ward K, Chua NH (1988) Localization and conditional redundancy of regulatory elements in rbcS-3A, a pea gene encoding the small subunit of ribulose-bisphosphate carboxylase. Actas da Academia Nacional de Ciências dos Estados Unidos da América 85:4662-4666
- Kuluev B, Chemeris A (2007) Amplificação e clonagem dos promotores do vírus do mosaico da dália e do vírus do anel gravado do cravo. Jornal Russo de Genética 43:1413-1414
- Kuluev B, Knyazev A, Chemeris A (2008) Atividade dos promotores do carnation etched ring virus e do dahlia mosaic virus em protoplastos de tabaco e plantas transgénicas. Jornal Russo de Fisiologia Vegetal 55:687-693
- Kumar D, Patro S, Ranjan, R, Sahoo DK, Maiti IB, Dey N (2011). Desenvolvimento de um promotor recombinante útil e sua análise de expressão em diferentes células vegetais usando microscopia confocal de varredura a laser. PloS one 6, e24627.
- Kumar GB, Ganapathi TR, Revathi CJ, Srinivas L, Bapat VA (2005) Expressão do antigénio de superfície da hepatite B em bananeiras transgénicas. Planta 222:484-493.
- Kuriakose BG, Thomas G, Viswanathan A, Anand N (2009) Random amplification of genomic ends (RACE) as an efficient method for isolation and cloning of promoters and uncloned genomic regions. African Journal of Biotechnology 8:47654773.
- Lam E. & Chua NH (1991) O tetrâmero de um elemento sintético de 21 pares de bases confere a expressão da semente e o reforço da transcrição em resposta ao stress hídrico e ao ácido abscísico. J. Biol. Chem. 266:17131-17135
- Langridge WH, Fitzgerald KJ, Koncz C, Schell J, Szalay AA (1989) Dual promoter of Agrobacterium tumefaciensmannopine synthase genes is regulated by plant growth hormones. Actas da Academia Nacional das Ciências dos Estados Unidos da América 86:3219-3223
- Last DI, Brettell RIS, Chamberlain DA, Chaudhury AM, Larkin PJ, Marsh EL, Peacock, WJ, Dennis, ES

(1991) pEmu: um promotor melhorado para a expressão de genes em células de cereais. TAG Theoretical and Applied Genetics 81:581-588.

- Lau EC, Li ZQ, e Slavkin SC (1993) Preparação de modelos de plasmídeos desnaturados para amplificação por PCR.
- Lauterslager TG, Florack DE, van der Wal TJ, Molthoff JW, Langeveld JP, Bosch D, Boersma, WJ, Hilgers LA (2001) Oral immunisation of naive and primed animals with transgenic potato tubers expressing LT-B. Vacina 19:2749-2755
- Lawrence, CE, Altschul SF, Boguski MS, Liu JS, Neuwald AF, e Wootton JC (1993) Detecting subtle sequence signals: a Gibbs sampling strategy for multiple alignment. Ciência 262:208-214
- Lawton MA, Tierney MA, Nakamura I, Anderson E, Komeda Y, Dube P, Hoffman N, Fraley RT, Beachy RN (1987) Expressão de um gene de p-conclicinina de soja sob o controlo dos promotores 35S e 19S do vírus do mosaico da couve-flor em tecidos de petúnia transformados. Biologia molecular das plantas 9:315-324
- Leach F, Aoyagi K (1991) Análise do promotor dos genes indutores de raiz rolC e rolD altamente expressos de Agrobacterium rhizogenes: os determinantes de ADN específicos do tecido e do potenciador estão dissociados. Ciência das Plantas 79:69-76.
- Leclerc D, Chapdelaine Y, Hohn T (1999) Nuclear targeting of the cauliflower mosaic virus coat protein. Journal of virology 73:553-560
- Lee LY, Kononov ME, Bassuner B, Frame BR, Wang K, Gelvin SB (2007) Novos vectores de transformação de plantas contendo o superpromotor. Fisiologia vegetal 145:1294-1300
- Lescot M, Dechais P, Thijs G, Marchal K, Moreau Y, Van de Peer Y, RouzA P, e Rombauts, S. (2002) PlantCARE, uma base de dados de elementos reguladores de ação cis de plantas e um portal para ferramentas de análise in silico de sequências de promotores. Nucleic Acids Research 30:325-327
- Lewin A, Jacob D, Freytag B, Appel B, (1998) Gene Expression in Bacteria Direted by Plant-specific Regulatory Sequences. Investigação transgénica 7:403-411.
- Li HY, Ramalingam S, Chye ML (2006) A acumulação da proteína recombinante da espícula do SARS-CoV no citosol e cloroplastos das plantas indica potencial para o desenvolvimento de vacinas orais derivadas de plantas. Experimental biology and medicine 231:13461352
- Li J, Hegeman CE, Hanlon RW, Lacy GH, Denbow MD, Grabau EA (1997) Secreção de fitase recombinante ativa a partir de culturas de suspensão celular de soja. Plant physiology 114:11031111
- Li ZT, Jayasankar S, Gray DJ (2004) Promotores duplex bidireccionais com potenciadores duplicados aumentam significativamente a expressão do transgene em uva e tabaco. Investigação em transgénicos 13:143-154.
- Liu R, States DJ (2002) Identificação de promotores de consenso no genoma humano utilizando marcadores de genes expressos e modelação de genes. Investigação do genoma 12:462-469\
- Liu S, Bao Y (2009) Efeitos do número de cópias de um elemento potenciador da octopina sintase e da sua distância da caixa TATA na expressão heteróloga em tabaco transgénico. Ata Physiol Plant 31:705-710
- Liu X, Brutlag DL, e Liu JS (2001) BioProspector: descobrir motivos de ADN conservados em regiões reguladoras a montante de genes co-expressos. Pac Symp Biocomput 127- 138
- Liu XY, Rocha-Sosa M, Hummel S, Willmitzer L, Frommer WB (1991) A detailed study of the regulation and evolution of the two classes of patatin genes in Solanum tuberosum L. Plant molecular biology 17:1139-1154
- Liu YG e Whittier RF (1995). Thermal asymmetric interlaced PCR: amplificação automatizada e sequenciação de fragmentos de extremidade de inserção de clones P1 e YAC para o caminhamento cromossómico. Genómica 25:674
- YG, Mitsukawa N, Oosumi T, e Whittier RF (1995) Efficient isolation and mapping of Arabidopsis thaliana

T-DNA insert junctions by thermal asymmetric interlaced PCR. Plant J.:8:457- 463

- Livak KJ, Schmittgen TD (2001) Análise de dados relativos de expressão genética utilizando PCR quantitativa em tempo real e o método 2(- Delta Delta C(T)) Method. Methods 25, 402-408
- Loake GJ, Faktor O, Lamb CJ, Dixon RA (1992) A combinação dos elementos cis da caixa H [CCTACC (N) 7CT] e da caixa G (CACGTG) é necessária para a estimulação de um promotor de síntese de chalcona pelo intermediário da via dos fenil propanóides, o ácido p-cumárico. Proc Natl Acad Sci USA 89:9230-9234
- Lockhart BE, Menke J, Dahal G, Olszewski NE (2000) Characterization and genomic analysis of tobacco vein clearing virus, a plant pararetrovirus that is transmitted verticaltically and related to sequences integrated in the host genome. J Gen Virol. 81(6):1579-85
- Lodish HB, A Zipursky, SL Matsudaira, P Baltimore, D Darnell (2000) Os repressores interferem diretamente com o início da transcrição de várias formas. W.H. Freeman and Company, Nova Iorque.
- Loewen PC, Hengge-Aronis R (1994) The role of the sigma fator sigma S (KatF) in bacterial global regulation. Revisão anual de microbiologia 48:53-80.
- Loots GG, e Ovcharenko I (2004) rVISTA 2.0: análise evolutiva de sítios de ligação de factores de transcrição. Nucleic Acids Research 32:217-221
- Luehrsen KR, Walbot V (1994) A adição de sequências ricas em A e U aumenta a eficiência de splicing de uma forma eliminada de um intrão do milho Biologia molecular das plantas 24:449-463
- Luehrsen KR, Walbot V, (1994) A criação de intrões e a poliadenilação no milho são dirigidas por ARN rico em AU. Genes & development 8:1117-1130.
- Lv X, Song X, Rao G, Pan X, Guan L, Jiang X, Lu H, (2009). Construção de promotores bidireccionais de expressão específica vascular em plantas. Jornal de biotecnologia 141:104-108
- Maas C, Laufs J, Grant S, Korfhage C, Werr W (1991) A combinação de um novo elemento estimulador no primeiro exão do gene Shrunken-1 do milho com o intrão 1 seguinte aumenta a expressão do gene repórter até 1000 vezes. Biologia molecular das plantas 16:199-207.
- Madzak C, Treton B, Blanchin-Roland S, (2000) Promotores híbridos fortes e vectores integrativos de expressão/secreção para a expressão quase constitutiva de proteínas heterólogas na levedura Yarrowia lipolytica. Jornal de microbiologia molecular e biotecnologia 2:207-216
- Madzak C, Blanchin-Roland S, Cordero Otero RR, Gaillardin C, 1999. Análise funcional das regiões reguladoras a montante do promotor XPR2 de Yarrowia lipolytica. Microbiologia 145: 7587.
- Maeo K, Tomiya T, Hayashi K, Akaike M, Morikami A, Ishiguro S, Nakamura K (2001) Sugar-responsible elements in the promoter of a gene for beta-amylase of sweet potato. Biologia molecular das plantas 46:627-637
- Maiti IB, Gowda S, Kiernan J, Ghosh SK, Shepherd RJ (1997) Análise da deleção do promotor/líder e vectores de expressão vegetal com o promotor FLt (full length transcript) do vírus do mosaico da figueira (FMV) contendo domínios potenciadores simples ou duplos. Investigação transgénica 6:143-156
- Maiti IB, Shepherd RJ (1998) Isolamento e análise da expressão do promotor do transcrito completo (FLt) do peanut chlorotic streak caulimovirus (PClSV) em plantas transgénicas. Biochemical and biophysical research communications 244:440-444
- Maleck K, Levine A, Eulgem T, Morgan A, Schmid J, Lawton, KA, Dangl, JL, Dietrich, RA, (2000). O transcriptoma de Arabidopsis thaliana durante a resistência sistémica adquirida. Nature genetics 26:403-410.
- Maliga P (2002) Engineering the plastid genome of higher plants. Curr Opin Plant Biol 5:164-172
- Marinescu V, Kohane I, e Riva A (2005) MAPPER um motor de busca para a identificação computacional de sítios putativos de ligação a factores de transcrição em múltiplos genomas. BMC Bioinformatics 6, 79
- Mascarenhas D, Mettler IJ, Pierce DA, Lowe HW (1990). Aumento da expressão de genes heterólogos em milho mediado por intrões. Biologia molecular de plantas 15:913 -920.

- Matthieu D e Helene T (2006) Predicting transcription fator binding sites using local over-representation and comparative genomics BMC Bioinformatics 7 396
- McElroy D, Zhang W, Cao J, Wu R (1990) Isolamento de um promotor de actina eficiente para utilização em Mascarenhas D, Mettler IJ, Pierce DA, Lowe HW Aumento da expressão de genes heterólogos em milho mediado por intrões. Biologia molecular das plantas 15:913-920
- McGarvey PB, Hammond J, Dienelt MM, Hooper DC, Fu ZF, Dietzschold B, Koprowski H, Michaels FH (1995). Expressão da glicoproteína do vírus da raiva em tomates transgénicos Bio/tecnologia 13:1484-1487
- Medberry SL, Lockhart BE, Olszewski NE (1992) O promotor do Commelina yellow mottle virus é um promotor forte em tecidos vasculares e reprodutivos. The Plant cell 4:185-192
- Mehrotra R, Gupta G, Sethi R, Bhalothia P, Kumar N, Mehrotra S (2011) Designer promoter: an artwork of cis engineering. Biologia molecular das plantas 75:527-536
- Mehrotra R, Kiran K, Chaturvedi CP, Ansari SA, Lodhi N, Sawant S, Tuli R (2005) Effect of copy number and spacing of the ACGT and GT cis elements on transient expression of minimal promoter in plants. Jornal de genética 84:183-187
- Menissier J, de Murcia G, Lebeurier G, Hirth, L., 1983. Estudos de microscopia eletrónica das diferentes formas topológicas do ADN do vírus do mosaico da couve-flor: ADN encapsidado com nós e minicromossoma nuclear. Jornal EMBO 2:1067-1071
- Mett, V.L., Lochhead, L.P., Reynolds, P.H., 1993. Sistema de expressão de genes controláveis pelo cobre para plantas inteiras. Actas da Academia Nacional de Ciências dos Estados Unidos da América 90:4567-4571
- Mette MF, Aufsatz W, van der Winden J, Matzke MA, Matzke AJ (2000) Transcriptional silencing and promoter methylation triggered by double-stranded RNA. The EMBO journal 19:51945201
- Meyer P, Saedler H (1996) Homology-Dependent Gene Silencing in Plants. Revisão anual de fisiologia vegetal e biologia molecular vegetal 47:23-48
- Mitra, A, Han J, Zhang ZJ, Mitra A (2009) A região intergénica dos genes divergentes cab1 e cab2 de Arabidopsis thaliana funciona como um promotor bidirecional. Planta 229:1015-1022.
- Mitsuhara I, Ugaki M, Hirochika H, Ohshima M, Murakami T, Gotoh Y, Katayose Y, Nakamura S, Honkura R, Nishimiya S, Ueno K, Mochizuki A, Tanimoto H, Tsugawa H, Otsuki Y, Ohashi Y (1996) Cassetes promotoras eficientes para uma expressão reforçada de genes estranhos em plantas dicotiledóneas e monocotiledóneas. Fisiologia vegetal e celular 37:49-59
- Miyao A, Tanaka K, Murata K, Sawaki H, Takeda S, Abe K, Shinozuka Y, Onosato K, et al (2003). A especificidade do sítio alvo do retrotransposão Tos17 mostra uma preferência pela inserção dentro de genes e contra a inserção em regiões do genoma ricas em retrotransposões. Plant Cell 15:1771-1780.
- Mol JN, Stuitje AR, van der Krol A (1989) Genetic manipulation of floral pigmentation genes (Manipulação genética de genes de pigmentação floral). Biologia molecular das plantas 13:287294
- Moore I, Samalova M, Kurup S, (2006) Transactivated and chemically inducible gene expression in plants The Plant journal : for cell and molecular biology 45:651-683
- Morassutti C, De Amicis F, Skerlavaj B, Zanetti M, Marchetti S (2002) Produção de um péptido antimicrobiano recombinante em plantas transgénicas utilizando um sistema de expressão modificado da inteína VMA. FEBS letters 519:141-146
- Morello L, Bardini M, Cricri M, Sala F, Breviario D (2006) Análise funcional das sequências de ADN que controlam a expressão do gene OsCDPK2 do arroz. Planta 223:479-491
- Morello L, Bardini M, Sala F, Breviario D (2002) Um longo intrão líder do gene da beta-tubulina do arroz Ostub16 é necessário para uma expressão genética de alto nível e pode promover autonomamente a transcrição in vivo e in vitro. The Plant journal : for cell and molecular biology 29:33-44
- Morey, C. , Mookherji, S., Rajasekaran, G., Bansal, M., 2011. Previsão de promotores baseada na energia

livre do ADN e análise comparativa dos genomas da Arabidopsis e do arroz. Fisiologia vegetal156, 1300-15

- Muller B & Sheen (2008) Cytokinin and auxin interplay in root stem-cell specification during early embryogenesis. Natureza 453:1094-1097
- Murray C, Sutherland PW, Phung MM, Lester MT, Marshall RK, Christeller JT (2002). Expressão de proteínas de ligação à biotina, avidina e estreptavidina, em tecidos vegetais, utilizando sequências vacuolares de orientação. Investigação transgénica 11:199-214
- Nain V, Sahi S e Kumar PA In Silico Identification of Regulatory Elements in Promoters (Identificação in silico de elementos reguladores em promotores). Biologia Computacional e Bioinformática Aplicada 47-66
- Ni M, Cui D, Einstein J, Narasimhulu S, Vergara CE, Gelvin SB, (1995). Força e especificidade tecidual dos promotores quiméricos derivados dos genes da octopina e da manopina sintase. The Plant Journal 7:661-676
- Niemeyer J, Ruhe J, Machens F, Stahl DJ, Hehl R (2014) Expressão induzível de p50 do TMV para aumentar a resistência à doença bacteriana da galha da coroa no tabaco. Plant Mol Biol 84:111-123
- Nikolov DB, Burley SK (1997) RNA polymerase II transcription initiation: a structural view. Actas da Academia Nacional de Ciências dos Estados Unidos da América 94:15-22.
- Nikolov DB, Chen H, Halay ED, Hoffman A, Roeder RG, Burley SK (1996) Crystal structure of a human TATA boxbinding protein/TATATA element complex. Actas da Academia Nacional de Ciências dos Estados Unidos da América 93:4862-4867
- Nishi T e Itoh S (1986) Enhancement of transcriptional activity of the *Escherichia coli* trp promoter by upstream A+T rich region Gene 44: 29-36
- Nitschke M, Wiehl S, Baer PC, Kreft B (2002) Bactericidal activity of renal tubular cells: the putative role of human beta- defensins. Exp Nephrol 10:332-337
- Norris SR, Meyer SE, Callis J (1993) O intrão dos genes de polubiquitina *de Arabidopsis thaliana* é conservado em termos de localização e é um determinante quantitativo da expressão de genes quiméricos. Biologia molecular das plantas 21:895-906
- Novina CD, Roy AL (1996) Core promoters and transcriptional control. Tendências em genética: TIG 12:351-355
- Ochman H, Gerber AS, Hartl DL (1988) Genetic applications of an inverse polymerase chain reaction Genetics 120:621-623
- Odell JT, Nagy F, Chua NH (1985) Identificação das sequências de ADN necessárias para a atividade do promotor 35S do vírus do mosaico da couve-flor Nature 313:810-812
- Odell JT, Howell, SH (1980) Identificação, mapeamento e caraterização do mRNA para P66, uma proteína codificada pelo vírus do mosaico da couve-flor. Virologia 102;349-359.
- Ohler U (2000) Previsão de promotores a uma escala genómica - a experiência do Adh. Investigação genómica 10:539-542
- Ohler U, Harbeck S, Niemann H, Noth E, Reese MG (1999) Interpolated markov chains for eukaryotic promoter recognition. Bioinformática 15:362-369
- Ohler U, Niemann H (2001) Identification and analysis of eukaryotic promoters: recent computational approaches. Tendências em genética: TIG 17:56-60
- Ohler U, (2000) Promoter prediction on a genomic scale--the Adh experience. Investigação sobre o genoma 10:539-542.
- Omirulleh S, Abraham M, Golovkin M, Stefanov I, Karabaev MK, Mustardy L, Morocz S, Dudits D (1993) Atividade de um promotor quimérico com o elemento potenciador duplo CaMV 35S em células derivadas de protoplastos e plantas transgénicas de milho. Biologia molecular das plantas 21:415-428
- Otten LG, Quax WJ (2005) Direted evolution: selecting today's biocatalysts (Evolução dirigida: seleção dos biocatalisadores actuais). Engenharia biomolecular 22:1-9
- Ow DW, Jacobs JD, Howell SH (1987) Functional regions of the cauliflower mosaic virus 35S RNA

promoter determined by use of the firefly luciferase gene as a reporter of promoter activity. Actas da Academia Nacional das Ciências dos Estados Unidos da América 84:4870-4874

- Patro S, Kumar D, Ranjan R, Maiti IB, Dey N (2012) O desenvolvimento de promotores de plantas eficientes para a expressão de transgénios utilizando promotores de vírus de plantas. Planta molecular 5:941-944
- Pattanaik S, Dey N, Bhattacharyya S, Maiti IB (2004) Isolamento de um promotor de transcrição completo do Strawberry vein banding virus (SVBV) e análise da expressão através de ensaios transientes em protoplastos e em plantas transgénicas. Plant science: an international journal of experimental plant biology 167:427-438
- Pedersen AG, Baldi P, Chauvin Y, Brunak S (1999) The biology of eukaryotic promoter prediction - a review. Computadores e química 23:191-207
- Peer M Schenk1,Laszlo Sagi, Tony Remans, Ralf G. Dietzgen, Margaret J. Bernard, Michael W. Graham e John M. Manners (1999) Um promotor do badnavírus baciliforme da cana-de-açúcar conduz à expressão de transgénios em bananeiras e outras plantas monocotiledóneas e dicotiledóneas Plant Molecular Biology; 39: 1221-1230
- Pesole G, Liuni S, D'Souza M (2000) PatSearch: um software de correspondência de padrões que encontra elementos funcionais em sequências de nucleótidos e proteínas e avalia o seu significado estatístico. Bioinformática 16:439-450

Petruccelli S, Dai S, Carcamo R, Yin Y, Chen S & Beachy R N (2001) . O fator de transcrição RF2a altera a expressão do promotor do vírus baciliforme do tungro do arroz em plantas de tabaco transgénicas. Proc Natl Acad Sci U S A 98:7635-7640

- Petrzik, K., Benes, V., Mraz, I., Honetslegrova-Franova, J., Ansorge, W., Spak, J., 1998. Strawberry vein banding virus - membro definitivo do género Caulimovirus. Virus genes 16: 303-305.
- Pfaffl, M.W., 2001. Um novo modelo matemático para quantificação relativa em RT-PCR em tempo real. Nucleic acids research 29, e45.
- Pfeiffer, P., Hohn, T., 1983. Envolvimento da transcrição reversa na replicação do vírus do mosaico da couve-flor: um modelo detalhado e teste de alguns aspectos. Cell 33:781-789.
- Plesse B, Criqui MC, Durr A, Parmentier Y, Fleck J, Genschik P (2001) Efeitos do intrão líder do gene da poliubiquitina Ubi.U4 e do primeiro monómero de ubiquitina na expressão do gene de repetição em Nicotianatabacum. Biologia molecular das plantas 45:655-667
- Pobjecky, N., Rosenberg, G.H., Dinter-Gottlieb, G., Kaufer, N.F., 1990. Expressão do gene da beta-glucuronidase sob o controlo do promotor CaMV 35s em Schizosaccharomyces pombe. Molecular & general genetics : MGG 220:314-316.
- Portales-Casamar E, Thongjuea S, Kwon AT, Arenillas D, Zhao X, Valen E, Yusuf D Lenhard B, Wasserman, WW, e Sandelin A (2009) JASPAR 2010: a base de dados de acesso livre muito alargada de perfis de ligação de factores de transcrição. Investigação sobre os Ácidos Nucleicos
- Potenza C, Aleman L, Sengupta-Gopalan C (2004) Targeting transgene expression in research, agricultural, and environmental applications: Promotores utilizados na transformação de plantas. In Vitro Cellular & Developmental Biology - Plant 40:1-22.
- Pradhan S, Urwin NA, Jenkins GI, Adams RL (1999) Effect of CWG methylation on expression of plant genes. The Biochemical journal 341: 473-476
- Praz V, Perier R, Bonnard C, Bucher P (2002) The Eukaryotic Promoter Database, EPD: new entry types and links to gene expression data. Nucleic acids research 30:322-324
- Prestridge DS (1995) Predicting Pol II promoter sequences using transcription fator binding sites. Jornal de biologia molecular 249:923-932
- Prestridge DS (1991) SIGNAL SCAN: um programa de computador que analisa sequências de ADN em

busca de elementos transcricionais eucarióticos. Aplicações informáticas nas biociências: CABIOS 7, 203-206.

- Puente P, Wei N & Deng X W (1996) A interação combinada de elementos promotores constitui os determinantes mínimos para o controlo da luz e do desenvolvimento da expressão genética em Arabidopsis. EMBO J 15:3732-3743
- Rabbani MA, Maruyama K, Abe H, Khan MA, Katsura K, Ito Y, Yoshiwara K, Seki M, Shinozaki K, Yamaguchi-Shinozaki K, (2003) Monitorização dos perfis de expressão dos genes do arroz sob stress do frio, da seca e de alta salinidade e aplicação de ácido abscísico utilizando microarray de cDNA e análises de gel-blot de RNA. Fisiologia vegetal 133:1755-1767
- Ramirez YJ, Tasciotti E, Gutierrez-Ortega A, Donayre Torres AJ, Olivera Flores MT, Giacca, M, Gomez Lim MA, (2007).Expressão específica do fruto do gene tat do vírus da imunodeficiência humana tipo 1 em plantas de tomate e o seu potencial imunogénico em ratinhos. Imunologia clínica e vacinal 14: 685-692
- Ranjan R, Dey N (2012) Desenvolvimento de promotores híbridos-sintéticos induzidos por tecido vascular e stress através do rearranjo dos motivos dof-1 Bioquímica e biofísica celular 63:235-245
- Ranjan R, Patro S, Pradhan B, Kumar A, Maiti IB, Dey N (2012) Desenvolvimento e análise funcional de novos promotores genéticos usando DNA shuffling, hibridação e uma combinação destes. PLoS One 7:e31931
- Ranjan, R., Patro, S., Kumari, S., Kumar, D., Dey, N., Maiti, I.B., 2011. Promotores quiméricos eficientes derivados de promotores de transcrição de comprimento total e subgenómicos do vírus do mosaico da figueira (FMV). Jornal de biotecnologia 152:58-62
- Reggi S, Marchetti S, Patti T, De Amicis F, Cariati R, Bembi, B, Fogher C, (2005) A beta-glucosidase ácida humana recombinante armazenada em sementes de tabaco é estável, ativa e absorvida por fibroblastos humanos. Biologia molecular das plantas 57:101-113
- Remans T, Grof CP, Ebert PR, Schenk PM (2005) Análise de promotores funcionais utilizando uma abordagem baseada numa estratégia de evolução in vitro BioTechniques 38: 209-210 212, 214-206
- Remy S (2000) Genetic Transformation of Banana (Musa Spp) for Disease Resistance by Expression of Antimicrobial Proteins Katholieke Universiteit.
- Poggeler KR, Shepherd RJ (1997) Petunia vein-clearing virus: a plant pararetrovirus with the core sequences for an integrase function. Virologia 236:137-146
- Richins RD, Shepherd RJ (1983) Physical maps of the genomes of dahlia mosaic virus and mirabilis mosaic virus-two members of the caulimovirus group. Virologia 124:208-214
- Richins RD, Scholthof HB, Shepherd RJ, (1987) Sequence of figwort mosaic virus DNA (caulimovirus group). Nucleic acids research 15:8451-8466
- Richins RDB, Ducasse T, Gowda DA, Mushegian S, Reddy AR, e Shepherd RJ (1995). organização e transcrição do genoma do peanut chlorotic streak virus. Mol. Plant Microbe Interact. (no prelo).
- Richter LJ, Thanavala Y, Arntzen CJ, Mason HS (2000) Produção do antigénio de superfície da hepatite B em plantas transgénicas para imunização oral. Nature biotechnology 18:1167-1171
- Roeder RG (1996) The role of general initiation factors in transcription by RNA polymerase II. Tendências em ciências bioquímicas 21:327-335.
- Rombauts S, Florquin K, Lescot M, Marchal K, Rouza P, e Van de Peer Y. (2003) Computational Approaches to Identify Promoters and cis-Regulatory Elements in Plant Genomes. Plant Physiology 132:1162-1176.
- Romer KA, Kayombya, GR, e Fraenkel, E (2007) WebMOTIFS automated discovery, filtering and scoring of DNA sequence motifs using multiple programs and Bayesian approaches. Nucleic Acids Research 35:217-220
- Rose AB, Last RL (1997) Os intrões actuam pós-transcricionalmente para aumentar a expressão do gene

PAT1 da via do triptofano de Arabidopsis thaliana. The Plant journal: for cell and molecular biology 11:455-464

- Rossi V, Motto M, Pellegrini L (1997) A análise do padrão de metilação do promotor do milho opaque-2 (O2) e os estudos de ligação in vitro indicam que a proteína O2 B-Zip e outros factores do endosperma podem ligar-se a sequências-alvo metiladas. The Journal of biological chemistry 272:13758-13765
- Roth FP, Hughes JD, Estep PW, and Church GM (1998) Finding DNA regulatory motifs within unaligned noncoding sequences clustered by whole-genome mRNA quantitation. Nat Biotech 16, 939-945
- Roth FP, Hughes JD, Estep PW, Church GM (1998) Finding DNA regulatory motifs within unaligned noncoding sequences clustered by whole-genome mRNA quantitation. Nature biotechnology 16:939-945
- Rothnie HM, Chapdelaine Y, Hohn T (1994) Para retroviruses and retroviruses: a comparative review of viral structure and gene expression strategies. Avanços na investigação sobre vírus 44:1-67
- Ruhlman T, Ahangari R, Devine A, Samsam M, Daniell H (2007) Expressão da proteína de fusão toxina da cólera B-proinsulina em cloroplastos de alface e tabaco - a administração oral protege contra o desenvolvimento de insulite em ratinhos diabéticos não obesos. Revista de biotecnologia vegetal 5:495-510

Rushton PJ, Reinstadler A, Lipka V, Lippok B, Somssich IE (2002) Os promotores sintéticos de plantas que contêm elementos reguladores definidos fornecem novos conhecimentos sobre a sinalização induzida por agentes patogénicos e feridas. A célula vegetal 14:749-762

- Russell DA, Fromm E, (1997) Expressão tecido-específica no milho transgénico de quatro promotores do endosperma do milho e do arroz. Investigação em transgénicos 6:157-168
- Sadanandom A, Piffanelli P, Knott T, Robinson C, Sharpe A, Lydiate D, Murphy D, Fairbairn DJ (1996) Identificação de um gene de peptídeo metionina sulfoxideredutase num promotor de oleosina de Brassica napus. The Plant journal: for cell and molecular biology 10:235-242
- Sagi L, Panis B, Remy S, Schoofs H, De Smet K, Swennen R, Cammue BP (1995) Genetic transformation of banana and plantain (Musa spp.) via particle bombardment. Bio/tecnologia 13:481-485
- Sahoo DK, Ranjan R, Kumar D, Kumar A, Sahoo BS, Raha S, Maiti IB, Dey N (2009) Um método alternativo de avaliação do promotor por microscopia confocal de varrimento a laser. Journal of virological methods 161:114-121.
- Saito Y, Hibino H, Omura T e Inoue H (1986) Virus diseases of rice: rice tungro virus. Em Virus Diseases of Rice and Legumes in the Tropics (Kajiwara, T. e Konno, S., eds). Japão: TARC Ministério da Agricultura, Florestas e Pescas, pp. 3-13.
- Salgado H, Santos-Zavaleta A, Gama-Castro S, Millan-Zarate D, Diaz-Peredo E, Sanchez-Solano F, Perez-Rueda E, Bonavides-Martinez C, Collado-Vides J, (2001) RegulonDB (versão 3.2): regulação transcricional e organização de operão em Escherichia coli K-12. Nucleic acids research 29:72-74
- Sambrook J, Russell DW (2006) The Hanahan Method for Preparation and Transformation of Competent E. coli: High- efficiency Transformation. Cold Spring Harbor Protocols pdb.prot3942.
- Sandelin A, Wasserman WW, e Lenhard B (2004).ConSite: previsão de elementos reguladores com base na Web utilizando a comparação entre espécies. Nucleic Acids Research 32:249-252
- Sandhu JS, Krasnyanski SF, Domier LL, Korban SS, Osadjan MD, Buetow DE (2000) A imunização oral de ratinhos com frutos de tomate transgénicos que exprimem a proteína F do vírus sincicial respiratório induz uma resposta imunitária sistémica. Investigação em transgénicos 9:127-135
- Sanfacon H, Hohn T (1990) Proximity to the promoter inhibits recognition of cauliflower mosaic virus polyadenylation signal. Natureza 346:81-84
- Sanger M, Daubert S, Goodman RM (1990). Caraterísticas de um promotor forte do vírus do mosaico da figueira: comparação com o promotor 35S análogo do vírus do mosaico da couve-flor e o promotor regulado da manopina sintase. Biologia molecular das plantas 14:433-443
- Santamaria M, Thomson CJ, Read ND, Loake GJ, (2001) O promotor de um gene básico semelhante ao

PR1, AtPRB1, da Arabidopsis estabelece um padrão de expressão específico do órgão e uma reação ao etileno e ao metil jasmonato. Biologia molecular das plantas 47:641-652.
Sassa H, Ushijima K, Hirano H (2002). Um gene da proteína thaumatin/PR5-like específico do pistilo da pera japonesa (Pyrus serotina): sequência e atividade promotora da região 5' em tabaco transgénico. Plant molecular biology 50:371-377 (2003) Satyavathi VV, Prasad V, Khandelwal A, Shaila, MS, Sita GL . Expressão da proteína hemaglutinina do vírus da peste bovina em plantas transgénicas de ervilha-de-angola Cajanus cajan (L.) Millsp. Relatórios sobre células vegetais 21:651-658

- Sawant S, Singh PK, Madanala R, Tuli R (2001) Conceção de uma cassete de expressão artificial para a expressão de alto nível de transgenes em plantas. TAG Genética Teórica e Aplicada 102:635-644
- Schardl CL, Byrd AD, Benzion G, Altschuler MA, Hildebrand DF, Hunt AG (1987) Conceção e construção de um sistema versátil para a expressão de genes estranhos em plantas. Gene 61:111.
- Scheller J, Guhrs KH, Grosse F, Conrad U (2001) Produção de proteínas de seda de aranha em tabaco e batata Nature biotechnology 19:573-577
- Schenk PM, Remans T, Sagi L, Elliott AR, Dietzgen RG, Swennen R, Ebert PR, Grof CP, Manners JM (2001). Os promotores do ARN pré-genómico do banana streak badnavirus são activos para a expressão do transgene em plantas monocotiledóneas e dicotiledóneas. Biologia molecular das plantas 47:399-412
- Schenk PM, Sagi L, Remans T, Dietzgen RG, Bernard MJ, Graham MW, Manners JM (1999). A promoter from sugarcane bacilliform badnavirus drives transgene expression in banana and other monocot and dicot plants. Biologia molecular das plantas 39:1221-1230
- Schenk PM, Kazan K, Wilson I., Anderson JP, Richmond T, Somerville SC, Manners, JM (2000) Coordinated plant defense responses in Arabidopsis revealed by microarray analysis. Actas da Academia Nacional das Ciências dos Estados Unidos da América 97:11655-11660.
- Scherf M, Klingenhoff A, Werner T (2000) Highly specific localization of promoter regions in large genomic sequences by PromoterInspector: a novel context analysis approach. Jornal de biologia molecular 297:599-606
- Seki M, Narusaka M, Abe H, Kasuga M, Yamaguchi-Shinozaki K, Caminci P, Hayashizaki Y, Shinozaki K (2001) Monitoring the expression pattern of 1300 Arabidopsis genes under drought and cold stresses by using a full-length cDNA microarray. The Plant cell 13:61-72
- Sessions A, Burke E, Presting G, Aux G, McElver J, Patton D, Dietrich B, Ho P, et al. A high-throughput Arabidopsis reverse genetics system. Plant Cell Res.2002; 14:2985- 2994.
- Shepherd CT, Scott MP (2009) Construção e avaliação de um promotor quimérico do milho (Zea mays) com atividade no endosperma do grão e no embrião. Biotechnol Appl Biochem 52:233-243
- Shepherd RJ (1989) Biochemistry of DNA plant viruses. In: "The Biochemistry of Plants". Academic Press, Inc., Nova Iorque.
- Shiina, T., Allison, L., Maliga, P., (1998).rbcL Os níveis de transcrição nos plastídeos do tabaco são independentes da luz: a taxa reduzida de transcrição no escuro é compensada pelo aumento da estabilidade do mRNA. The Plant cell 10:1713-1722
- Shin, R., Kim, M.J., Paek, K.H., 2003. Os genes CaTinl (Capsicum annuum TMV-induced clone 1) e CaTinl-2 estão ligados frente a frente e partilham um promotor bidirecional. Plant & cell physiology 44, 549-554.
- Shintani, D., DellaPenna, D., 1998. Elevating the vitamin E content of plants through metabolic engineering (Aumentar o teor de vitamina E das plantas através da engenharia metabólica). Science 282, 2098-2100.
- Shivaprasad PV, Akbergenov R, Trinks D, Rajeswaran R, Veluthambi K, Hohn T, Pooggin MM, (2005). Promotores, transcritos e proteínas reguladoras do geminivírus do mosaico amarelo de Mungbean. Jornal de virologia 79:8149-8163
- Shokouhifar F, Zamani MR, Motallebi M, Mousavi A, Malboobi MA (2011) Construção e análise funcional

de promotores sintéticos induzíveis por agentes patogénicos em Brassica napus. Biol Plant 55:689-695

- Shulga NY, Rukavtsova EB, Krymsky MA, Borisova VN, Melnikov VA, Bykov VA, Buryanov, YI (2004). Expressão e caraterização do antigénio de superfície da hepatite B em plantas transgénicas de batata. Biochemistry.Biokhimiia 69:1158-1164
- Siebert, P.D., Chenchik, A., Kellogg, D.E., Lukyanov, K.A., Lukyanov, S.A., 1995. Um método de PCR melhorado para caminhar em DNA genómico não clonado. Nucleic acids research 23, 1087-1088.
- Siebertz, B., Logemann, J., Willmitzer, L., Schell, J., 1989. cisanálise do promotor wunl induzido por feridas em plantas de tabaco transgénicas e localização histoquímica da sua expressão. The Plant cell 1, 961-968.
- Sieburth, L.E., Meyerowitz, E.M., 1997. A dissecção molecular da região de controlo AGAMOUS mostra que os elementos cis para a regulação espacial estão localizados intragenicamente. The Plant cell 9, 355-365.
- Singh KB, Foley RC, Onate-Sanchez L, (2002). Factores de transcrição na defesa das plantas e nas respostas ao stress. Opinião atual em Biologia Vegetal 5:430-436
- Sinha S, Liang Y, e Siggia E (2006).Stubb: um programa para a descoberta e análise de módulos cisreguladores. Nucleic Acids Research 34:555-559
- Skriver K, Olsen FL, Rogers JC, Mundy J (1991) cis-acting DNA elements responsive to gibberellin and its antagonist abscisic acid. Proc Natl Acad Sci USA 88:7266-7270
- Smale ST, Kadonaga JT (2003). O núcleo promotor da RNA polimerase II. Revisão anual de bioquímica 72:449-479
- Snowden, K.C., Buchhholz, W.G., Hall, T.C., 1996. A posição do intrão afecta a expressão do promotor tpi no arroz. Biologia molecular das plantas 31, 689-692
- Springer PS (2000) Gene traps: tools for plant development and genomics. Célula Vegetal, 12, 1007-1020
- Song, S.U., Gerasimova, T., Kurkulos, M., Boeke, J.D., Corces, V.G., 1994. Uma proteína env-like codificada por um retroelemento de Drosophila: evidência de que o gypsy é um retrovírus infecioso. Genes & development 8, 2046-2057.
- Staub JM, Garcia B, Graves J, Hajdukiewicz PT, Hunter P, Nehra N, Paradkar V, Schlittler M, Carroll JA, Spatola L, Ward D, Ye G, Russell DA (2000) High-yield production of a human therapeutic protein in tobaccochloroplasts . Nature biotechnology 18: 333-338.
- Staub JM, Maliga P, (1994). A tradução do mRNA de psbA é regulada pela luz através da região 5'-untranslated em plastídeos de tabaco. The Plant journal : for cell and molecular biology 6:547-553.
- Stemmer WP (1994). Evolução rápida de uma proteína in vitro por baralhamento de ADN. Natureza 370:389-391.
- Stemmer WP, (1994). Baralhamento do ADN por fragmentação aleatória e remontagem: recombinação in vitro para a evolução molecular. Actas da Academia Nacional de Ciências dos Estados Unidos da América 91:10747-10751.
- Stockinger EJ, Gilmour SJ, Thomashow MF (1997) Arabidopsis thaliana CBF1 codifica um ativador transcricional com domínio AP2 que se liga ao C-repeat/DRE, um elemento regulador de ADN cisactante que estimula a transcrição em resposta a baixas temperaturas e ao défice hídrico. Proc Natl Acad Sci USA 94:1035-1040
- Streatfield, S.J., 2007. Abordagens para alcançar a produção de proteínas heterólogas de alto nível em plantas. Revista de biotecnologia vegetal 5, 2-15.
- Struhl, K., 1985. As sequências poli(dA-dT) de ocorrência natural são elementos promotores a montante para a transcrição constitutiva em levedura. Actas da Academia Nacional de Ciências dos Estados Unidos da América 82, 8419-8423.
- Sunilkumar, G., Connell, J.P., Smith, C.W., Reddy, A.S., Rathore, K.S., (2002) Cotton alpha-globulin promoter: isolation and functional characterization in transgenic cotton, Arabidopsis, and tobacco.

Investigação em transgénicos 11:347-359.

- Szabados L, Ratet P, Grunenberg B, de Bruijn FJ, (1990). Análise funcional da região 5'-upstream do gene Sesbaniarostrataleghemoglobin glb3 em plantas transgénicas de Lotus corniculatus e Nicotianatabacum. The Plant cell 2:973-986.
- Takagi H, Hiroi T, Yang L, Tada Y, Yuki Y, Takamura K, Ishimitsu R, Kawauchi H, Kiyono H, Takaiwa F (2005). Uma vacina comestível à base de arroz que expressa múltiplos epítopos de células T induz tolerância oral para inibição de respostas IgE mediadas por Th2. Actas da Academia Nacional de Ciências dos Estados Unidos da América 102:17525-17530.
- Takai D, Jones PA, (2004). Origens dos promotores bidireccionais: análise computacional da distância intergénica no genoma humano. Molecular biology and evolution 21:463-467.
- Takatsuji, H., Yamauchi, H., Watanabe, S., Kato, H., Ikeda, J.E., 1992. Transcriptase reversa do vírus do mosaico da couve-flor. Ativação por processamento proteolítico e alteração funcional por deleção terminal. Journal of Biological Chemistry 267, 11579-11585.
- Tavva VS, Dinkins, RD, Palli SR, Collins GB (2006). Desenvolvimento de um interrutor de genes responsivo à metoxifenozida para aplicações em plantas. The Plant journal : for cell and molecular biology 45:457-469.
- Temin, H.M., 1970. Transformação maligna de células por vírus. Perspectivas em biologia e medicina 14, 11-26.
- Terashima M, Murai Y, Kawamura M, Nakanishi S, Stoltz T, Chen L, Drohan W, Rodriguez, RL, Katoh S (1999). Produção de alfa 1-antitripsina humana funcional por cultura de células vegetais. Microbiologia aplicada e biotecnologia 52:516-523
- Thomas, C.L., Perbal, C., Maule, A.J., 1993. Uma mutação do gene I do vírus do mosaico da couve-flor interfere com o movimento do vírus mas não com a sua replicação. Virologia 192, 415-421.
- Thompson JD, Higgins DG, and Gibson TJ (1994) CLUSTAL W: improving the sensitivity of progressive multiple sequence alignment through sequence weighting, position-specific gap penalties and weight matrix choice. Nucleic Acids Research 22:4673-4680
- Timmermans MC, Maliga P, Vieira J, Messing J (1990) Os plasmídeos pFF: cassetes que utilizam sequências de CaMV para a expressão de genes estranhos em plantas. Jornal de biotecnologia 14:333-344
- Tjian,R, Maniatis T (1994). Transcriptional activation: a complex puzzle with few easy pieces. Célula 77:5-8
- Trinklein ND, Aldred SF, Hartman SJ, Schroeder DI, Otillar RP Myers RM (2004) Uma abundância de promotores bidireccionais no genoma humano. Investigação do genoma 14:62-66
- Tsunoda, T., Takagi, T., 1999. Estimativa da capacidade de ligação de factores de transcrição no ADN. Bioinformática 15, 622-630.
- Twell D, Wing R, Yamaguchi J, McCormick S (1989) Isolamento e expressão de um gene específico de antera do tomateiro. Molecular & general genetics: MGG 217:240-245
- Tzafrir I, Torbert K, Lockhart BL, Somers D, Olszewski N. (1998) The sugarcane bacilliform badnavirus promoter is active in both monocots and dicots. Plant Mol Biol. 38(3):347-356
- Ulmasov T, Murfett J, Hagen G, Guilfoyle TJ (1997) Aux/IAA proteins repress expression of reporter genes containing natural and highly active synthetic auxin response elements. Células vegetais
- Uozumi N, Kim EJ, Rubio F, Yamaguchi T, Muto S, Tsuboi A, Bakker EP, Nakamura T, et al. (2000) O homólogo do gene HKT1 de Arabidopsis medeia as correntes internas de Na+ em oócitos de Xenopus laevis e a captação de Na+ em Saccharomyces cerevisiae. Plant Physiol 122:1249-1259
- Vain, P., Finer, K.R., Engler, D.E., Pratt, R.C., Finer, J.J., 1996. Aumento da expressão genética mediada por intrões no milho (<i>Zea mays L.) e bluegrass (<i>Poa pratensis L.). Relatórios sobre células vegetais 15, 489-494.
- Van der Meer IM, Stam ME, van Tunen AJ, Mol JN, Stuitje AR (1992) A inibição antisense da biossíntese

de flavonóides em anteras de petúnia resulta em esterilidade masculina. Célula vegetal 4:253-262

- Van Haaren MJ, Houck CM (1993). Um mapa funcional do promotor específico do fruto do gene 2A11 do tomateiro. Biologia molecular das plantas 21:625-640
- Van Haaren, M.J., Houck, C.M., 1993. Um mapa funcional do promotor específico do fruto do gene 2A11 do tomateiro. Biologia molecular das plantas 21, 625-640.
- Vaucheret H, Fagard M (2001). Silenciamento de genes transcricionais em plantas: alvos, indutores e reguladores. Tendências em genética: TIG 17:29-35
- Vaucheret, H., Fagard, M., 2001. Silenciamento de genes transcricionais em plantas: alvos, indutores e reguladores. Tendências em genética: TIG 17, 29-35.
- Vazquez, F., Gonzalez, E.A., Garabal, J.I., Valderrama, S., Blanco, J., Baloda, S.B., 1996. Desenvolvimento e avaliação de um ELISA para detetar os níveis de anticorpos fimbriais de Escherichia coli K88 (F4). Journal of medical microbiology 44, 453-463.
- Velten J, Velten L, Hain R, Schell J (1984) Isolamento de um fragmento de promotor duplo de planta do plasmídeo Ti de Agrobacterium tumefaciens. The EMBO journal 3:2723-2730
- Venter M, Botha FC (2010). Synthetic Promoter Engineering, em: Pua, E.C., Davey, M.R. (Eds.), Plant Developmental Biology - Biotechnological Perspectives. Springer Berlin Heidelberg, pp. 393-414
- Venter, M., 2007. Promotores sintéticos: controlo genético através da engenharia cis. Tendências na ciência das plantas 12, 118-124.
- Veer Bala Rastogi. Fundamental of Molecular Biology. Ane Books Pvt Ltd.
- Verdaguer B, de Kochko A, Beachy RN, Fauquet C (1996). Isolamento e expressão em plantas transgénicas de tabaco e arroz, do promotor do vírus do mosaico da veia da mandioca (CVMV). Biologia molecular das plantas 31:1129-1139
- Verdaguer B, de Kochko A, Fux CI, Beachy RN, Fauquet C (1998). Organização funcional do promotor do vírus do mosaico da veia da mandioca (CsVMV). Plant Mol Biol 37(6):1055-67
- Vidal-Ingigliardi D, Raibaud O (1985). Os promotores mac: promotores híbridos funcionais activados pelo produto malT e reprimidos pelo produto lacI. Nucleic acids research 13: 11631172
- Visser RG, Stolte A, Jacobsen E (1991).Expressão de um gene quimérico de amido sintase-GUS ligado a grânulos em plantas transgénicas de batata.Biologia molecular das plantas 17:691-699
- Vitale, A., Wu, R.J., Cheng, Z., Meagher, R.B., 2003. Múltiplos elementos 5' conservados são necessários para a expressão polínica de alto nível da actina reprodutiva ACT1 de Arabidopsis. Biologia molecular das plantas 52, 1135-1151.
- Waibel AH, Hanazawa T, Hinton GE, Shikano K, Lang KJ (1999). Reconhecimento de fonemas utilizando redes neurais de atraso temporal. IEEE Trans Acoustic Speech Signal Process 37:328-339
- Wakeley PR, Rogers HJ, Rozycka M, Greenland AJ, Hussey PJ (1998). Um gene semelhante à pectina metilesterase do milho, ZmC5, especificamente expresso no pólen. Biologia molecular das plantas 37: 187-192
- Wang J, Oard JH (2003). Promotores de ubiquitina de arroz: análise de deleção e utilidade potencial em sistemas de transformação de plantas. Plant Cell Rep. 129-34
- Wang R, Guan P, Chen M, Xing X, Zhang Y, Crawford NM (2010). Múltiplos elementos reguladores no promotor NIA1 de Arabidopsis actuam sinergicamente para formar um potenciador de nitrato. Plant Physiol 154(1) 423-432
- Wang R, Zhou X, Wang X (2003). Sistemas de expressão quimicamente regulados e suas aplicações em plantas transgénicas. Investigação em transgénicos 12:529-540
- Wang T, e Stormo GD (2005).Identificação da rede conservada de sítios cis-reguladores de um genoma eucariótico. Actas da Academia Nacional das Ciências dos Estados Unidos da América 102:17400-17405
- Wang, C., Ding, D., Yan, R., Yu, X., Li, W., Li, M., 2008. Um novo promotor bidirecional clonado do

melão e a sua atividade no pepino e no tabaco. Journal of Plant Biology 51, 108-115.

- Weise A, Rodriguez-Franco M, Timm B, Hermann M, Link S, Jost W, Gorr G (2006). Utilização das regiões 5' da actina de Physcomitrella patens para uma elevada expressão de transgénios: importância dos intrões 5'. Applied microbiology and biotechnology 70:337-345
- Weise, A., Rodriguez-Franco, M., Timm, B., Hermann, M., Link, S., Jost, W., Gorr, G., 2006. Utilização das regiões 5' da actina de Physcomitrella patens para uma elevada expressão de transgénios: importância dos intrões 5'. Applied microbiology and biotechnology 70, 337-345.
- Werner, T., 2000. Análise assistida por computador de regiões de controlo de transcrição. Matinspector e outros programas. Métodos em biologia molecular 132, 337-349.
- Wever W, McCallum E J, Chakravorty D, Cazzonelli CI & Botella JR(2010). A região 5' não traduzida do mRNA VR-ACS1 actua como um forte potenciador da tradução em plantas. Transgenic Res. 19:667-674
- Wijaya E, Yiu S.M, Son NT, Kanagasabai R, e Sung WK (2008). MotifVoter: um novo método de conjunto para a integração fina de localizadores de motivos genéricos. Bioinformatics 24:22882295
- Williams EJ, Bowles DJ (2004). Co-Expressão de genes vizinhos no genoma de Arabidopsis thaliana. Investigação sobre o genoma 14:1060-1067
- Wingender E, Chen X, Hehl R, Karas H, Liebich I, Matys V, Meinhardt T, Pruss M, Reuter I, Schacherer F (2000). TRANSFAC: um sistema integrado para a regulação da expressão génica. Nucleic acids research 28:316-319
- Woolston, C.J., Covey, S.N., Penswick, J.R., Davies, J.W., 1983. A transmissão de afídeos e um polipéptido são especificados por uma região definida do genoma do vírus do mosaico da couve-flor. Gene 23, 15-23.
- Wurch, T., Guidasci, T., Geldreich, A., Lebeurier, G., Mesnard, J.M., 1991. A transcriptase reversa do vírus do mosaico da couve-flor não é produzida pelo mecanismo de deslocação da estrutura ribossómica em Saccharomyces cerevisiae. Virologia 180, 837-841.
- Xiao K, Zhang C, Harrison M, Wang ZY (2005). Isolamento e caraterização de um novo promotor de plantas que dirige uma forte expressão constitutiva de transgenes em plantas. Reprodução Molecular 15:221-231
- Xie M, He Y, Gan S (2001). Bi direccionalização de promotores polares em plantas. Nat Biotech 19: 677-679
- Xie Y, Liu Y, Meng M, Chen L, Zhu Z 2003. Isolamento e identificação de um promotor vegetal super forte do vírus Multan do enrolamento da folha do algodão. Biologia molecular das plantas 53:1-14
- Xiong AS, Peng RH, Liu JG, Zhuang J, Qiao YS, Xu F, Cai B, Zhang Z, Chen JM, Yao QH, (2007). Sistema de alta eficiência e rendimento na evolução dirigida in vitro do gene repórter. Microbiologia aplicada e biotecnologia 74:160-168
- Xiong, Y., Eickbush, T.H., 1990. Origem e evolução dos retroelementos com base nas suas sequências de transcriptase reversa. The EMBO journal 9, 3353-3362
- Yamamoto YT, Taylor CG, Acedo GN, Cheng CL, Conkling MA (1991). Caracterização de sequências cis-acting que regulam a expressão de genes específicos da raiz no tabaco. A célula vegetal 3:371382
- Yansura DG. e Henner, D. J. (1990) Utilização do promotor trp *de Escherichia coli* para a expressão direta de proteínas. Meth. Enz 185:54-60
- Yanagisawa, S., 2002. A família Dof de factores de transcrição de plantas. Tendências na ciência das plantas 7, 555-560.
- Yanagisawa, S., 2004. Dof domain proteins: plant-specific transcription factors associated with diverse phenomena unique to plants. Plant & cell physiology 45, 386-391.
- Yanagisawa, S., Schmidt, R.J., 1999. Diversidade e semelhança entre sequências de reconhecimento de factores de transcrição Dof. The Plant journal : for cell and molecular biology 17, 209-214.
- Yanagisawa, S., Sheen, J., 1998. Envolvimento das proteínas de dedo de zinco Dof do milho na expressão de

genes específicos de tecidos e regulados pela luz. The Plant cell 10, 75-89.

- Yang IC, Hafner GJ, Dale JL, Harding RM (2003). Caracterização genómica do vírus baciliforme do taro. Arquivos de virologia 148:937-949
- Yang MQ, Taylor J, Elnitski L (2008).Análises comparativas de promotores bidireccionais em vertebrados.BMC bioinformatics 9 Suppl 6, S9.
- Yang, I.C., Hafner, G.J., Dale, J.L., Harding, R.M., 2003. Caracterização genómica do vírus baciliforme do taro. Archives of virology 148, 937-949.
- Yazaki, J., Shimatani, Z., Hashimoto, A., Nagata, Y., Fujii, F., Kojima, K., Suzuki, K., Taya, T., Tonouchi, M., Nelson, C., Nakagawa, A., Otomo, Y., Murakami, K., Matsubara, K., Kawai, J., Carninci, P., Hayashizaki, Y., Kikuchi, S., 2004. Transcriptional profiling of genes responsive to abscisic acid and gibberellin in rice: phenotyping and comparative analysis between rice and Arabidopsis. Physiological genomics 17, 87100.
- Ye, X., Al-Babili, S., Kloti, A., Zhang, J., Lucca, P., Beyer, P., Potrykus, I., 2000. Engenharia da via biossintética da provitamina A (beta-caroteno) no endosperma de arroz (sem carotenóides). Science 287, 303-305.
- Yin T, Wu H, Zhang S, Liu J, Lu H, Zhang L, Xu Y, Chen D (2009) Duas regiões cis-reguladoras negativas envolvidas na atividade do promotor específico do fruto da melancia *(Citrullus vulgaris* S.) J Exp Bot 60:169-185
- Yin Y e Beachy RN (1995) As regiões reguladoras do promotor do vírus baciliforme do tungro do arroz e os factores nucleares em interação no arroz *(Oryza sativa* L.). Plant J. 7: 969-980
- Zahm, P., Rhim, S.L., Geider, K., 1989. Atividade promotora e expressão de sequências de Ti-plasmídeo mantidas de forma estável em células de mamíferos. Molecular and cellular biochemistry 90:9-18
- Zambryski, P., 1988. Processos básicos subjacentes à transferência de ADN mediada por Agrobacterium para células vegetais. Revisão anual de genética 22:1-30
- Zawel, L., Reinberg, D., 1995. Temas comuns na montagem e função de complexos de transcrição eucarióticos. Revisão anual de bioquímica 64:533-561
- Zeitlin L, Olmsted SS, Moench TR, Co MS, Martinell BJ, Paradkar VM, Russell DR, Queen C, Cone RA, Whaley KJ (1998) Um anticorpo monoclonal humanizado produzido em plantas transgénicas para proteção imunitária da vagina contra o herpes genital. Nature biotechnology 16:1361-1364
- Zhang C, Gai Y, Zhu Y, Chen X, Jiang X (2008). Construção de um promotor bidirecional e sua expressão transiente em Populustomentosa. Fronteiras da silvicultura na China 3:112-116
- Zhang MQ (1998). Identificação de promotores nucleares de genes humanos in silico. Investigação sobre o genoma 8: 319-326
- Zhang SH, Broome MA, Lawton MA, Hunter T, Lamb CJ, (1994) atpk1, um novo gene de proteína quinase ribossómica de *Arabidopsis*. II. Análise funcional e bioquímica da proteína codificada. The Journal of biological chemistry 269:1759317599
- Zhang C, Gai Y, Zhu Y, Chen, X., Jiang, X., (2008) Construção de um promotor bidirecional e sua expressão transiente em <i>*Populus tomentosa</i>.* Frontiers of Forestry in China 3:112-116.
- Zhang, M.Q., 1998. Identificação de promotores nucleares de genes humanos in silico. Investigação sobre o genoma 8, 319-326.
- Zhang, X., Henriques, R., Lin, S.S., Niu, Q.W., Chua, N.H., 2006. Transformação de Arabidopsis thaliana mediada por Agrobacterium usando o método de imersão floral. Nature protocols 1, 641646.
- Zhao Y, Blumer SE, e Sundin GW. Identificação de genes de Erwinia amylovora induzidos durante a infeção de tecido de pera imaturo. J. Bacteriol.2005; 187:8088-8103
- Zheng H, Lei Y, Lin S, Zhang Q, Zhang Z (2011) Bi-direccionalização de um promotor de plantas induzido por metil jasmonato. Biotechnol Lett 33:387-393

- Zhong GY, Peterson D, Delaney DE, Bailey M, Witcher DR, Register lii JC, Bond D, Li CP, Marshall L, Kulisek E, Ritland D, Meyer T, Hood, EE, Howard JA, (1999) Produção comercial de aprotinina em sementes de milho transgénico. Molecular Breeding 5:345-356
- Zhu J, Zhang MQ (1999) SCPD: uma base de dados de promotores da levedura Saccharomyces cerevisiae. Bioinformática 15:607-611
- Zhu Q, Song B, Zhang C, Ou Y, Xie C & Liu J (2008) Construção e caraterísticas funcionais de promotores quiméricos específicos do tubérculo e induzíveis pelo frio na batata. Plant Cell Rep 27:47-55
- Zimmer, M., 2002. Proteína fluorescente verde (GFP): aplicações, estrutura e comportamento fotofísico relacionado. Chemical reviews 102, 759-781.
- Zuo J., Niu, Q.W., Chua, N.H., 2000. Avanço técnico: Um transactivador XVE baseado no recetor de estrogénio medeia a expressão de genes altamente induzíveis em plantas transgénicas. The Plant journal: for cell and molecular biology 24:265-273.

MIX
Papier aus verantwortungsvollen Quellen
Paper from responsible sources
FSC® C105338

Printed by Books on Demand GmbH, Norderstedt / Germany